# 实用小波分析十讲

## （第二版）

于凤芹　编著

西安电子科技大学出版社

## 内 容 简 介

本书从工科学生学习小波分析理论和方法的角度出发，用十讲介绍了小波分析中基础和精华的核心内容。

本书包括小波分析的预备知识(泛函分析初步、时频分析基础)、多分辨率分析理论、正交小波变换的快速实现算法、小波分析的应用举例等内容，同时加入了课程教学视频(扫描相应知识点处的二维码即可观看)，使教学过程融入教材，既拓宽了教材内容，又有利于学生自主学习。

本书主线鲜明，自成体系，简练实用，可作为高等院校理工科高年级本科生、研究生的教材，也可作为相关专业技术人员学习小波分析理论和方法的参考书。

**图书在版编目(CIP)数据**

**实用小波分析十讲**/于凤芹编著. —2 版. —西安：西安电子科技大学出版社，2019.11
ISBN 978 - 7 - 5606 - 5478 - 2

Ⅰ. ①实… Ⅱ. ①于… Ⅲ. ①小波理论 Ⅳ. ①O174.22

**中国版本图书馆 CIP 数据核字(2019)第 220115 号**

| | | |
|---|---|---|
| 策划编辑 | 刘玉芳 | |
| 责任编辑 | 王 瑛 | |
| 出版发行 | 西安电子科技大学出版社(西安市太白南路 2 号) | |
| 电 话 | (029)88242885 88201467 | 邮 编 710071 |
| 网 址 | www.xduph.com | 电子邮箱 xdupfxb001@163.com |
| 经 销 | 新华书店 | |
| 印刷单位 | 陕西天意印务有限责任公司 | |
| 版 次 | 2019 年 11 月第 2 版 2019 年 11 月第 2 次印刷 | |
| 开 本 | 787 毫米×1092 毫米 1/16 印张 9.25 | |
| 字 数 | 207 千字 | |
| 印 数 | 2001～4000 册 | |
| 定 价 | 25.00 元 | |

ISBN 978 - 7 - 5606 - 5478 - 2/O

**XDUP 5780002 - 2**

**＊＊＊如有印装问题可调换＊＊＊**

# 前　言

小波分析是克服了傅里叶分析的局限性而发展起来的一种时频分析方法。小波分析中的多尺度分析能够聚焦到信号的任何时段与任何频段，因而小波分析被誉为"数学显微镜"。小波分析的 Mallat 快速算法为小波分析从理论到应用建立了桥梁，而小波分析MATLAB 工具箱推动了小波分析方法应用的普及化。

2012 年出版的《实用小波分析十讲》至今已有 7 年，因本书早已售罄，导致各种影印版流传，损害了作者和出版社的权利，必须进行修订再版。本次修订作者结合自己讲授"小波分析及其应用"课程时使用本书的教学体会，并接受和采纳广大学生和热心读者的意见和建议，本着精益求精、追求卓越、打造精品的目标而进行。同时，为适应当今信息时代教学模式与学习方式变化对教材形式的变革要求，本次修订加入了课程教学视频（扫描相应知识点处的二维码即可观看），使教学过程融入教材。

修订后本书的主要特点如下：

（1）本书仍保留第一版的结构，以十讲形式来讲授小波分析中基础和精华的核心内容。首先从通俗易懂、图文并茂的初识小波开始，介绍作为预备知识的泛函分析的基本概念和时频分析的基本理论；其次讲述连续小波变换的意义及其冗余性，讨论离散小波级数与小波框架理论，引出寻找正交小波变换目标；然后介绍小波分析的核心内容——多分辨率分析理论、二尺度方程与正交滤波器组、正交小波基的构造方法；最后介绍正交小波变换的快速实现算法，简要列举小波分析的典型应用。本书主线鲜明，自成体系，环环相扣，简练实用。

（2）本书具有新形态，通过扫描二维码实现由静态的纸质教材到动态多媒体课程视频的链接。课程教学视频是对知识点深入浅出的讲解，是对教材内容的补充和拓展。每一个视频针对一个知识点，其针对性强，查找方便，可以暂停和回放，有利于自主学习。在保持纸质教材结构清晰、篇幅不变的前提下，新形态教材丰富了知识的呈现形式，拓宽了教材内容，扩大了课堂时空，即新形态教材不仅呈现静态的教学内容还提供动态的教学过程。

（3）对第一版的部分内容作了局部调整，完善了第一版的疏漏之处，并给出了本书所用符号一览表，同时每讲末尾增加了思考题。

作为小波分析理论的学习者和传播者，感谢前辈著作的滋养，感谢教学过程中研究生们的积极互动，感谢江南大学的领导和同事们！

由于作者理论水平有限，不足之处敬请读者批评指正。

联系方式：yufq@jiangnan.edu.cn。

作　者

2019 年 7 月 8 日

# 第 一 版 前 言

小波分析是 20 世纪 80 年代中期发展起来的一门数学理论和方法。小波分析理论和方法是数学家、物理学家和工程师们共同努力的结果。小波变换克服了傅里叶变换分析非平稳信号的局限性，提供了时域和频域同时局部化的自适应时频分析方法。小波分析中的多尺度分析能够聚焦到信号的任何时段与任何频段，因而小波分析被誉为"数学显微镜"。小波分析的 Mallat 快速算法为小波分析从理论到应用建立了桥梁，而小波分析 MATLAB 工具箱推动了小波分析方法应用的普及化。

小波分析因其数学思想精美、应用领域广泛而历经三十年不衰，其应用领域正在日益扩大，尤其是逐渐成为高等学校工科高年级本科生和研究生解决专业问题的一个有用工具。使用好小波分析这个工具需要理解和掌握小波分析理论。由于小波分析理论是建立在一定数学理论基础上的，对于缺少一定数学基础的工科学生来讲，理解和掌握小波分析理论还有一定的难度。

本书是作者在多年讲授"小波分析及其应用"课程讲义的基础上，博采众多前辈著作之精华，将小波分析理论中最普及、最实用的部分，以图文并茂、通俗易懂的十次讲座形式展现给读者，在保持小波分析理论完整性的前提下，突出重点、分散难点、提示要点。作者采用比较容易理解的方式阐述主题内容，力争使读者有信心、有兴趣、有能力理解并掌握小波分析理论和方法。

本书的编写得益于许多前辈的著述，这些著述也是作者多年来学习小波分析理论的营养之源，在此表示深深的感谢！"小波分析及其应用"课程是江苏省优秀研究生课程建设项目，本书是课程建设成果的一部分，得到了国家自然基金项目"汉语语音信号时频感知新特征提取的研究（No. 61075008）"的部分资助。在本书的编写过程中，得到了江南大学物联网工程学院领导和同事的关心与鼓励，作者的研究生参与了文字和图表的录入工作，西安电子科技大学出版社的阔永红总编辑、刘玉芳编辑为本书的出版做了大量认真细致的工作，在此一并表示感谢！

由于作者数学理论水平有限，书中不足之处敬请读者批评指正！

联系方式：yufq@jiangnan.edu.cn。

作　者

2012 年 12 月 22 日于江南大学

# 本书所用符号一览表

$f(t)$、$x(t)$：一般信号

$L^2(\mathbf{R})$：平方可积函数空间

$\{g_i(t), t \in \mathbf{R}, i \in \mathbf{Z}\}$：标准正交基

$c_i$：在标准正交基下的展开系数

$a_k$、$b_k$、$F_k$：傅里叶展开系数

$c_\psi$：小波 $\psi(t)$ 的容许条件

$\psi(t)$：小波函数，又称为基本小波或母小波

$\phi(t)$：尺度函数

$\Psi(\omega)$：小波函数的傅里叶变换

$\Phi(\omega)$：尺度函数的傅里叶变换

$\psi_{a,\tau}(t)$：连续的小波族函数

$\mathrm{WT}_x(a, \tau)$：信号 $x(t)$ 的连续小波变换

$\psi_{j,k}(t)$：离散的小波函数

$\mathrm{WT}_x(j, k)$：信号 $x(t)$ 的离散小波变换

$c_{j,k}$：尺度展开系数

$d_{j,k}$：小波展开系数

$K_\psi(a_0, \tau_0, a, \tau)$：重建核

$h(n)$：低通滤波器系数

$g(n)$：高通滤波器系数

$H(\omega)$：低通滤波器频率特性

$G(\omega)$：高通滤波器频率特性

$\|x\|$：元素 $x$ 的范数

$d(x, y)$：距离

$(X, d)$：$X$ 是以 $d(x, y)$ 为距离的距离空间

$(X, \|\cdot\|)$：$X$ 是以 $\|x\|$ 为范数的赋范线性空间

$(X, \langle \cdot, \cdot \rangle)$：$X$ 是以 $\langle \cdot, \cdot \rangle$ 为内积的内积空间

$P(t, f)$：时频能量密度分布

$\mathrm{STFT}_x(t, \Omega)$：信号 $x(t)$ 的短时傅里叶变换

$\mathrm{SPEC}_x(t, \Omega)$：信号 $x(t)$ 的谱图（Spectrogram）

$\mathrm{WVD}_x(t, f)$：信号 $x(t)$ 的魏格纳-威利分布（Wigner–Ville Distribution，WVD）

$\mathrm{AF}_{xx}(\tau, \nu)$：信号 $x(t)$ 的模糊函数（Ambiguity Function，AF）

$C_x(t, f)$：信号 $x(t)$ 的 Cohen 类时频分布

$\text{PWVD}_x(t, f)$：信号 $x(t)$ 的伪 WVD

$\text{SPWVD}_x(t, f)$：信号 $x(t)$ 的平滑的伪 WVD

$\text{SWVD}_x(t, f)$：信号 $x(t)$ 的平滑 WVD

$\Omega_m(t)$：定义域为 $\left[-\dfrac{m}{2}, \dfrac{m}{2}\right]$ 的 $m$ 阶样条函数

$N_m(t)$：定义域为 $[0, m]$ 的 $m$ 阶样条函数

<h1 style="text-align: center">—— 目　　录 ——</h1>

# 第 1 讲 初 识 小 波

本讲首先从傅里叶变换的局限性引出小波分析的必要性;然后给出连续小波变换的定义、计算过程及其意义;在了解小波函数应该具有的特点后,给出常用的几种小波。本讲的目的是使读者对小波有一个基本认识。在后续的各讲中,将分专题逐一呈现小波分析的核心内容。

1.0

## 1.1 傅里叶分析的局限性

1.1

从数学角度看,一个信号是自变量为时间 $t$ 的函数 $f(t)$。现实中采集得到的信号一般都是能量有限的,即

$$\int_{-\infty}^{\infty} |f(t)|^2 dt < \infty \tag{1.1}$$

满足式 (1.1) 条件的所有函数的集合形成平方可积函数空间 $L^2(\mathbf{R})$。对于属于 $L^2(\mathbf{R})$ 空间的任意一个信号 $f(t)$,可以用属于 $L^2(\mathbf{R})$ 空间的一组规范的正交的基本函数(简称标准正交基)展开。即,如果 $f(t) \in L^2(\mathbf{R})$,存在 $L^2(\mathbf{R})$ 空间的一组标准正交基 $\{g_i(t), t \in \mathbf{R}, i \in \mathbf{Z}\}$,使得

$$f(t) = \sum_{i=1}^{+\infty} c_i g_i(t) \tag{1.2}$$

而展开系数

$$c_i = \langle f(t), g_i(t) \rangle = \int_{-\infty}^{\infty} f(t) g_i^*(t) dt \tag{1.3}$$

标准正交基 $\{g_i(t), t \in \mathbf{R}, i \in \mathbf{Z}\}$ 要满足以下条件:

$$\langle g_k(t), g_l(t) \rangle = \int_{-\infty}^{\infty} g_k(t) g_l(t) dt = \delta_{k,l} \qquad (k, l \in \mathbf{Z}) \tag{1.4}$$

对于给定的信号 $f(t)$,关键是选择合适的标准正交基 $\{g_i(t), t \in \mathbf{R}, i \in \mathbf{Z}\}$,使得信号 $f(t)$ 在这组基下的展开呈现出需要的特性。下面先看看信号分析中常用的两种信号展开形式。

一个信号 $f(t)$ 可用 $\delta(t)$ 函数展开为

$$f(t) = \int_{-\infty}^{\infty} f(\tau) \delta(t - \tau) d\tau \tag{1.5}$$

信号的 $\delta(t)$ 函数展开可以确定信号 $f(t)$ 在任何时刻的值,即信号在时间上的定位是精确的。由于基函数 $\delta(t)$ 的时宽是无穷小而频宽是无穷大,因此 $\delta$ 分析在时域上的定位是完全准确的,但无法提供在频域的任何定位信息。

傅里叶变换使用 $\sin\omega t$ 和 $\cos\omega t$ 或 $e^{j\omega t}$ 作为基函数展开信号，即

$$F(\omega) = \langle f(t), e^{j\omega t} \rangle = \int_{-\infty}^{\infty} f(t) e^{-j\omega t} \, dt \tag{1.6}$$

$$f(t) = \frac{1}{2\pi} \int_{-\infty}^{\infty} F(\omega) e^{j\omega t} \, d\omega \tag{1.7}$$

傅里叶变换反映的是整个信号在全部时间下的整体特征，由于 $\sin\omega t$ 和 $\cos\omega t$ 或 $e^{j\omega t}$ 这些基函数具有无穷大的时宽和无穷小的频宽，因此傅里叶分析在频域上的定位是完全准确的，但不能提供任何局部时间段上的频率信息，即无法提供任何时间定位。

傅里叶分析与 $\delta$ 分析是两种完全不同的分析方法。现实中的信号往往是时变信号，例如音乐信号、语音信号、生物医学信号、地震探测信号等，即它们的频谱特性都可能随时间变化。要正确分析这种时变信号，需要同时从时域和频域共同定位，即需要寻找一种介于傅里叶分析和 $\delta$ 分析之间的、具有一定的时间分辨率和频率分辨率的基函数来展开时变信号，以便得到有用的分析结果。

**例 1.1** 已知信号

$$f_1(t) = \cos 20\pi t + \cos 40\pi t + \cos 120\pi t \qquad (0 \leqslant t \leqslant 1)$$

$$f_2(t) = \begin{cases} \cos 20\pi t & (0 \leqslant t < 0.35) \\ \cos 40\pi t & (0.35 \leqslant t < 0.65) \\ \cos 120\pi t & (0.65 \leqslant t \leqslant 1) \end{cases}$$

画出信号 $f_1(t)$、$f_2(t)$ 的时域波形和频谱图。

**解** 信号 $f_1(t)$、$f_2(t)$ 的时域波形和频谱图如图 1.1 所示。信号 $f_1(t)$ 和 $f_2(t)$ 都含有三个相同的频率成分，虽然这三个频率成分出现的时刻不同，但这两个信号的傅里叶变换的频谱却是相同的。

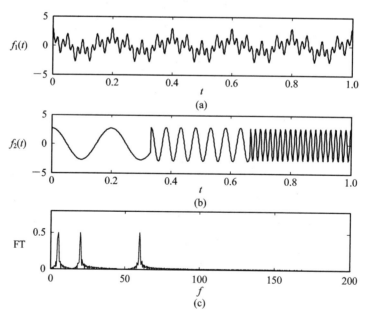

图 1.1　信号 $f_1(t)$、$f_2(t)$ 的时域波形和频谱图

(a) $f_1(t)$ 的时域波形；(b) $f_2(t)$ 的时域波形；(c) $f_1(t)$ 和 $f_2(t)$ 的频谱图

　　从图 1.1 可以看出，由于傅里叶变换提取信号的频谱需要利用信号的全部时域信息，只能看到信号整体的频谱构成，不能给出这些频率成分出现的时刻，也不能够反映信号频率成分随时间的变化过程；傅里叶变换的积分作用平滑了非平稳信号的突变成分。

　　为了形象地说明傅里叶变换的局限性和小波变换的优越性，可以将这两种变换的结果想象为是两种不同形式的"乐谱"。音乐信号是一种典型的非平稳的声音信号，其傅里叶变换就是将这个时间波形转化成某种乐谱。一首随时间高低起伏变化的乐曲，经过傅里叶变换得到了这段乐曲含有的高低音符，即频率信息。但遗憾的是，傅里叶变换提供的乐谱是将所有的音符都挤在了一起，如图 1.2 所示，这个乐谱只反映了音乐信号中存在哪些高音和低音音符，却无法提供这些音符出现在哪一时刻，即傅里叶变换乐谱只能提供频率信息而不能提供时间信息。

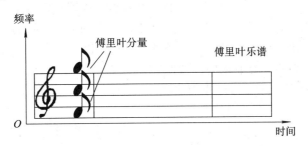

图 1.2　傅里叶变换得到的"乐谱"

　　小波变换能够有效地克服傅里叶变换缺少时间定位的缺点。音乐信号经过小波变换到小波域，如图 1.3 所示。这种小波变换得到的"乐谱"不仅能检测到音乐中存在的高音与低音音符，而且还能将音符出现的位置与原始信号相对应。即小波变换不仅能够给出信号的频率信息，而且能够说明这些频率成分发生的时刻。

图 1.3　小波变换得到的"乐谱"

## 1.2　什 么 是 小 波

1.2

　　傅里叶变换之所以无法提供时间定位信息，完全是由于傅里叶变换使用了具有无限时宽的 $\sin\omega t$ 和 $\cos\omega t$ 作为基本函数。为了提供频率信息，必须使用"波"（Wave）函数；而为了提供时间信息，就必须使用"有限时宽的波"。数学上，在有限时间内不为零的函数，称之为在时域上具有紧支集或近似紧支集特性，也就是"小"（let）的含义。同时具备波动性和紧支集的函数就是小波（Wavelet）。"波"和"小波"的异同如图 1.4 所示。

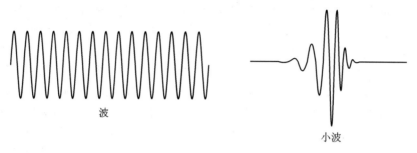

波　　　　　　　　　　　　　　　　小波

图 1.4　"波"和"小波"的异同

由图 1.4 可见，小波必须具有正负交替的波动性，也即直流分量为零。同时，小波在时域具有有限的持续时间，是一种在时域能量非常集中的波，即它的能量是有限的，而且集中在某一区间。如果不同时具备这两个条件，则不能称其为小波。例如，图 1.5(a) 所示的波形具有波动性，但不具有有限的持续期，即"波而不小"；图 1.5(b) 所示的波形具有有限的持续期，但不呈现波动性，即"小而非波"。

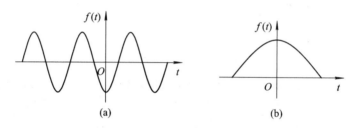

图 1.5　不是小波的两个例子

那么，小波到底是什么呢？从数学上讲，小波是一种函数，这个函数具有有限的持续时间，且具有一定的频率和振幅，在整个时间范围里的幅度平均值为零；其波形可以是不规则的，也可以是不对称的。可简单地将小波理解为满足以下两个条件的特殊信号：

(1) 小波必须是振荡的；

(2) 小波的振幅只能在很短的一段区间上非零，即是局部化的。

原则上讲，$L^2(\mathbf{R})$ 函数空间的函数都可作为小波函数，包括实数函数或复数函数，具有紧支集或非紧支集函数、正则或非正则函数等。一般情况下，常选取紧支集或近似紧支集的且具有正则性（具有频域的局部性）的实数或复数函数作为小波函数，以使小波函数在时域和频域都具有较好的局部特性。

了解了小波函数，就可以对小波函数进行尺度缩放，以满足不同时间分辨率的要求。如图 1.6 所示为小波函数 $\varphi\left(\dfrac{t}{a}\right)$ 在 $a=\dfrac{1}{2}$、$a=1$、$a=2$ 不同时宽的波形和其对应的不同频宽的频谱。从图 1.6 可以看出，尺度 $a$ 越小，其频带越宽，反之亦然，即小波的尺度缩放与其频谱变化的对应关系，时域的尺度参数隐含着频域信息。

除了尺度缩放，还可以对小波进行时间平移（简称时移）。时移就是指小波函数在时间轴上的波形平行移动，如图 1.7 所示。

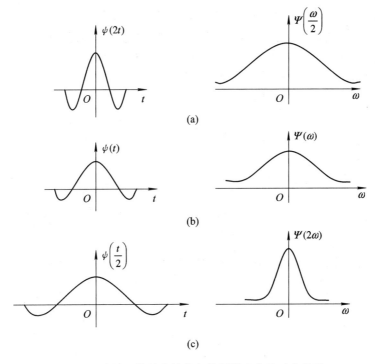

图 1.6　小波函数尺度缩放与其频谱变化的对应关系

(a) $a=\dfrac{1}{2}$；(b) $a=1$；(c) $a=2$

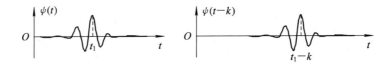

图 1.7　小波的时间平移

**例 1.2**　小波函数随尺度 $a$ 和位移 $b$ 同时变化的情形如图 1.8 所示。

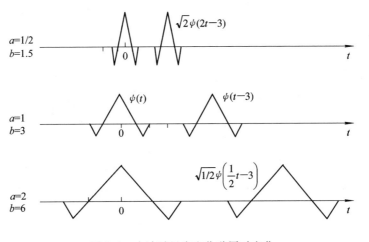

图 1.8　小波随尺度和位移同时变化

尺度缩放和时间平移这两种操作对于分析瞬时时变信号非常有用。通过尺度缩放可以对信号进行多尺度细化分析；而通过时间平移能够定位信号分析的时段，从而使小波分析能有效地从信号中提取信息，解决傅里叶变换不能解决的问题。

图 1.9 所示是使用不同尺度和不同时移的小波进行信号分析的示意图。

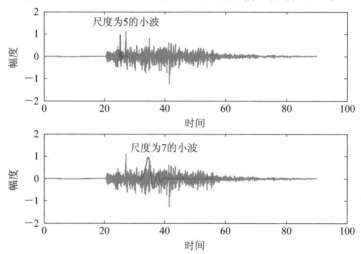

图 1.9　使用不同尺度和不同时移的小波进行信号分析

图 1.9 中的两个不同尺度的小波放大后如图 1.10 所示，从中可以进一步认识和理解小波多尺度分析的含义。

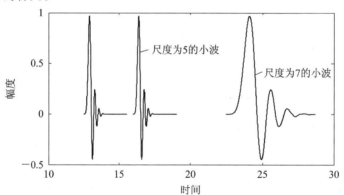

图 1.10　放大后的图 1.9 中的不同尺度和不同时移的小波

## 1.3　连续小波变换定义

1.3

认识了小波并了解了小波的尺度缩放和时间平移的概念后，下面给出小波变换的定义：

$$\mathrm{WT}_f(a, \tau) = \langle f(t), \psi_{a,\tau}(t) \rangle = \frac{1}{\sqrt{a}} \int_{-\infty}^{\infty} f(t)\psi^*\left(\frac{t-\tau}{a}\right)\mathrm{d}t \qquad (1.8)$$

式中：$\psi(t)$ 为小波函数，又称为基本小波或母小波；$\psi^*(t)$ 表示对小波函数 $\psi(t)$ 取共轭运算；$a$ 为缩放因子，对应于频率信息；$\tau$ 为平移因子，对应于时间信息。

下面用图 1.11 来说明小波变换的计算过程，进一步理解式(1.8)给出的小波变换的意义。

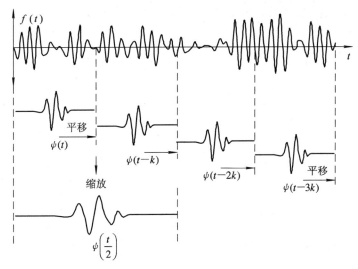

图 1.11　小波变换的计算过程

**步骤 1**　把小波 $\psi(t)$ 与原始信号 $f(t)$ 的开始部分进行比较，计算相关系数 $C$，$C = \mathrm{WT}_f(a, \tau) = \langle f(t), \psi_{a, \tau}(t) \rangle$，此时，$a = 1$，$\tau = 0$，这个相关系数 $C$ 表示信号与尺度为 1、位移为 0 的小波 $\psi_{1, 0}(t)$ 的近似程度。相关系数 $C$ 的值越高，表示这段信号与小波 $\psi_{1, 0}(t)$ 越相似，因此相关系数 $C$ 可以反映出两种波形的相关程度。

**步骤 2**　把小波向右移动，移动的距离为 $k$，得到的小波函数为 $\psi(t-k)$，计算相关系数 $C$，$C = \mathrm{WT}_f(a, \tau) = \langle f(t), \psi_{a, \tau}(t) \rangle$，此时，$a = 1$，$\tau = k$。

**步骤 3**　再把小波向右移 $2k$，得到的小波函数为 $\psi(t-2k)$。重复步骤 1 和步骤 2，按上述步骤一直进行下去，直到信号结束。

**步骤 4**　扩展小波，例如扩展一倍，得到的小波函数为 $\psi\left(\dfrac{t}{2}\right)$。

**步骤 5**　重复步骤 1～步骤 4，计算完所选尺度所有位移下的小波变换系数。

以上只是一种对小波变换的粗略解释。事实上，小波变换的实质是计算一个个小波分量与信号的相关系数，其直观意义是先用一个时窗最窄、频窗最宽的小波作为尺子去一步步地"丈量"信号，也就是比较这段信号与小波的相似程度。如果所用的小波波形与信号的局部匹配，其相关系数 $C$ 值就越大；反之，如果小波波形与信号的局部相去甚远，则相关系数 $C$ 值就较小，如图 1.12 所示。当一个尺度比较完成后，再将尺子拉长一倍，再去一步步地比较，从而得出一组组数据，如此这般循环，最后得出的就是信号在不同尺度、不同位移下的全部小波变换系数。

$C = 0.0102$　　　　　　　　　　　　　$C = 0.2247$

图 1.12　小波波形与信号局部的相关性示意图

## 1.4　傅里叶变换和小波变换的对比分析

1.4

　　傅里叶变换和小波变换是信号分析与处理中的两类重要变换。为了进一步理解小波分析的意义，本节从信号作为基函数的展开角度，将两者进行对比分析。

　　利用高等数学中的关于级数展开知识，任何一个周期信号 $f(t)$ 都可以用简单的三角函数表示成如下形式：

$$f(t) = \frac{a_0}{2} + \sum_{k=1}^{\infty} (a_k \cos k\omega_0 t + b_k \sin k\omega_0 t) \tag{1.9}$$

利用 $e^{jx} = \cos x + j \sin x$ 的关系，周期信号 $f(t)$ 还可以用复指数函数表示为

$$f(t) = \sum_{k=-\infty}^{\infty} F_k e^{jk\omega_0 t} \tag{1.10}$$

　　信号的傅里叶级数展开示意图如图 1.13 所示。信号的傅里叶级数表示就是将信号中含有的不同频率、不同幅度的正弦或余弦分量逐一析出，并将这些正弦或余弦波形用谱线来表示。

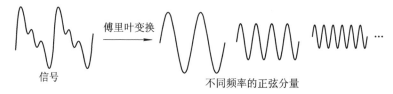

图 1.13　傅里叶级数展开示意图

　　利用傅里叶级数展开或者傅里叶变换可以很容易地将时域信号 $f(t)$ 转换到频域上，使信号的频率特性一目了然，并且傅里叶变换将信号 $f(t)$ 的主要能量都集中在频率较低的低频分量上，这种能量集中性有利于在频域进一步对信号进行处理。

　　傅里叶变换在频域中具有较好的局部化能力，特别是对于那些频率成分比较简单的确定性信号，傅里叶变换可以很容易地把信号表示成各种频率成分叠加的形式；但傅里叶变换在时域没有局部化能力，无法从傅里叶变换中看出原信号在任一时间点附近的频率形态。因此需要这样一个数学工具：既能在时域很好地刻画信号的局部性，同时也能在频域反映信号的局部性，这种数学工具就是"小波变换"。从函数分解的角度出发，希望能找到一个基函数，即小波函数 $\psi(t)$ 来代替傅里叶变换中用到的基函数 $\sin \omega t$ 和 $\cos \omega t$，这样，任何复杂的信号 $f(t)$ 都能由一个母小波 $\psi(t)$ 经过尺度伸缩和时间平移产生的小波基函数 $\psi_{a,\tau}(t)$ 的线性组合来表示，而信号用小波基函数展开的系数能够反映信号在时域和频域上的局部化特性，同时小波基函数 $\psi(t)$ 及其伸缩平移要比三角函数基 $\sin \omega t$ 和 $\cos \omega t$ 更好地匹配非平稳信号。

　　小波变换的本质和傅里叶变换类似，也是用精心挑选的小波基函数来表示信号。小波变换的基函数就是对这个母小波的尺度缩放和时间平移后的集合。信号的小波变换就是用这些小波函数的集合来展开信号。或者说，小波变换就是将信号中含有的不同尺度、不同位移的小波波形逐一析出，如图 1.14 所示。

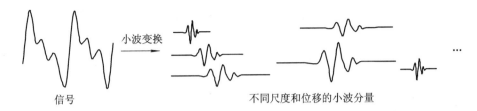

信号　　　　　不同尺度和位移的小波分量

图 1.14　小波变换示意图

小波分析是傅里叶分析方法的继承与发展，主要表现在以下两个方面：

（1）傅里叶变换用到的基函数只有 $\sin\omega t$、$\cos\omega t$ 和 $\mathrm{e}^{\mathrm{j}\omega t}$，即傅里叶变换的基函数是唯一的；而小波分析所用到的函数则具有不唯一性，即同一个信号可以采用不同的小波函数进行分析。采用不同的小波，分析效果可能相差很远。所以，针对不同的分析问题，选择合适的小波基函数是一个重要问题。

（2）傅里叶分析的基函数 $\sin\omega t$、$\cos\omega t$ 和 $\mathrm{e}^{\mathrm{j}\omega t}$ 构成一个标准正交基，因而傅里叶变换是最佳信号变换之一，其反变换也是唯一的；而小波变换中的小波基函数往往不是正交的，甚至小波基函数之间是线性相关的，所以，连续小波变换是极度冗余的，冗余度增加了分析和解释小波变换结果的困难，因此，希望小波变换冗余度尽可能小。此外，从信号重构精度方面考虑，正交基是信号重构最理想的基函数，所以更希望小波是正交小波。小波分析的核心内容也就是如何构造具有光滑性、紧支性、正则性、对称性的正交小波，以及正交小波变换及其快速算法。

## 1.5　常用的几种小波

1.5

在学习小波分析理论之前，先认识一些常用的小波函数，了解小波函数的定义和波形特点。有关小波函数的其他要求，将在后续的学习中逐渐介绍。

### 1. Haar 小波

Haar 小波是 1910 年由 Haar 提出的，它是最早、最简单、最容易理解的小波基函数，其定义和对应的频谱函数如下：

$$\psi(t) = \begin{cases} 1 & \left(0 \leqslant t \leqslant \dfrac{1}{2}\right) \\ -1 & \left(\dfrac{1}{2} \leqslant t \leqslant 1\right) \\ 0 & （其他） \end{cases} \tag{1.11}$$

$$\Psi(\omega) = \frac{1}{4}(\mathrm{e}^{-\mathrm{j}\frac{\omega}{4}} - \mathrm{e}^{-\mathrm{j}\frac{3\omega}{4}})\mathrm{Sa}\left(\frac{\omega}{4}\right) \tag{1.12}$$

图 1.15 所示为 Haar 小波的时域波形和频谱图。从波形可以看出，Haar 小波在时域有短的支集 $[0,1]$，但它是一个具有间断点的函数，即时域光滑性很差，时域存在的间断点导致其频域的局部化性质很差。容易验证，Haar 小波是一种实的、正交的、反对称的小波。

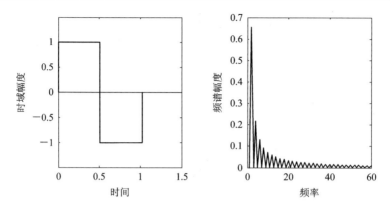

图 1.15　Haar 小波的时域波形和频谱图

**2. 高斯小波**

高斯小波用高斯函数表示，即

$$\psi(t) = \mathrm{e}^{-\frac{t^2}{2}} \tag{1.13}$$

由于高斯函数的傅里叶变换仍然是高斯函数，因此其频谱函数为

$$\Psi(\omega) = \mathrm{e}^{-\frac{\omega^2}{2}} \tag{1.14}$$

图 1.16 所示为高斯小波的时域波形和频谱图。高斯小波在时域和频域同时具有最小的支集，即在时频平面具有最小的时频支撑区，所以，在信号分析与处理中，一般常选高斯函数作为窗函数使用。高斯小波是实的非正交小波。

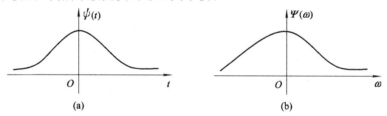

图 1.16　高斯小波的时域波形和频谱图
（a）时域波形；（b）频谱图

**3. 墨西哥草帽小波**

高斯小波的二阶导数称为墨西哥草帽小波，其时域表达式和对应的频谱函数分别为

$$\psi(t) = (1 - t^2)\mathrm{e}^{-\frac{t^2}{2}} \tag{1.15}$$

$$\Psi(\omega) = \sqrt{2\pi}\omega^2 \mathrm{e}^{-\frac{\omega^2}{2}} \tag{1.16}$$

图 1.17 所示为墨西哥草帽小波的波形和频谱图，因波形酷似墨西哥草帽而得名。墨西哥草帽小波是一种实的非正交小波，具有良好的对称性，支撑区是有限的，在视觉信息分析处理和边缘检测方面得到了广泛应用，也称之为 Marr 小波。

用高斯函数的差形成的小波称为 DOG(Difference of Gauss)小波。DOG 小波是墨西哥草帽小波的良好近似。DOG 小波的时域和频域表示如下：

$$\psi(t) = \mathrm{e}^{-|t|^2/2} - \frac{1}{2}\mathrm{e}^{-|t|^2/8} \tag{1.17}$$

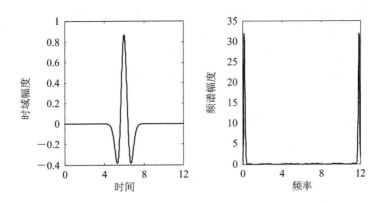

图 1.17　墨西哥草帽小波的波形和频谱图

$$\Psi(\omega) = \frac{1}{\sqrt{2\pi}}(\mathrm{e}^{-|\omega|^2/2} - \mathrm{e}^{-2|\omega|^2}) \tag{1.18}$$

**4. Gabor 小波**

Gabor 小波定义为

$$\psi(t) = \frac{1}{\sqrt{a}} g\left(\frac{t-b}{a}\right)\mathrm{e}^{\mathrm{j}\omega t} \tag{1.19}$$

Gabor 小波也是短时傅里叶变换的核函数，其中，$g(t) = \mathrm{e}^{-t^2/2}$ 是高斯函数。Gabor 小波是复小波。Gabor 小波的实部波形和频谱图如图 1.18 所示。

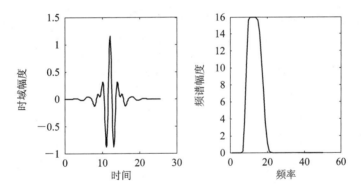

图 1.18　Gabor 小波的实部波形和频谱图

**5. Morlet 小波**

Morlet 小波是以法国地球物理学家 Morlet 命名的，这个小波是 Morlet 于 1984 年前后分析地震波的局部性质时使用的小波。Morlet 小波定义为

$$\psi(t) = \pi^{-\frac{1}{4}}\mathrm{e}^{-\frac{t^2}{2}}\mathrm{e}^{-\mathrm{j}\omega_0 t} \qquad (\omega_0 \geqslant 5) \tag{1.20}$$

$$\Psi(\omega) = \pi^{-\frac{1}{4}}\mathrm{e}^{-\frac{(\omega-\omega_0)^2}{2}} \tag{1.21}$$

它是单频复正弦调制的高斯波的复小波。Morlet 小波的实部波形和频谱图如图 1.19 所示。Morlet 小波不具备正交性，只能近似满足连续小波的容许条件，也不存在紧支性，不能作为离散小波变换和正交小波变换的基函数使用。但是，由于 Morlet 小波是复值小波，不仅

能够提取被分析信号的幅值信息，还能获取被分析信号的相位信息，因此，在地球物理过程和流体湍流分析中经常使用 Morlet 小波。

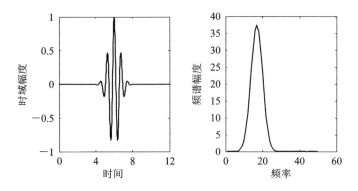

图 1.19　Morlet 小波的实部波形和频谱图

### 6. Littlewood-Paley（LP）小波

Littlewood-Paley 小波的定义和频谱函数分别为

$$\psi(t) = \frac{\sin 2\pi t - \sin \pi t}{\pi t} \tag{1.22}$$

$$\Psi(\omega) = \begin{cases} (2\pi)^{-\frac{1}{2}} & (\pi \leqslant \omega \leqslant 2\pi) \\ 0 & (\text{其他}) \end{cases} \tag{1.23}$$

Littlewood-Paley 小波的波形和频谱图如图 1.20 所示。Littlewood-Paley 小波的光滑性很好，是正交小波，且在频域是紧支的，但其时域是非紧支的，不能刻画时域局部性能。

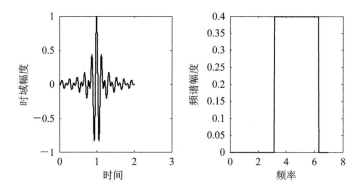

图 1.20　Littlewood-Paley 小波的波形和频谱图

### 7. Daubechies 小波

Daubechies 小波是由著名小波学者 Ingrid Daubechies 所创造的具有紧支集的正交小波。Daubechies 系列小波可简写为 db$N$，$N$ 表示阶数，db 是 Daubechies 名字的前缀，除db1 等同于 Haar 小波外，其余的 db 系列小波函数都没有解析表达式。图 1.21 是 db2～db10 的小波函数图形。

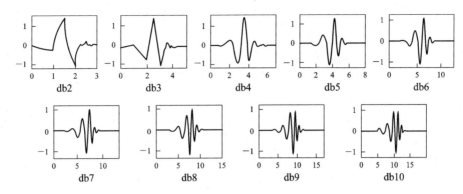

图 1.21　db2～db10 的小波函数图形

### 8. Coiflets 小波

Coiflets 小波简记为 coif$N$，$N$ 表示阶数。图 1.22 所示为 coif1～coif5 的小波函数图形。

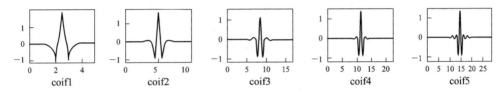

图 1.22　coif1～coif 5 的小波函数图形

### 9. Symlets 小波

Symlets 小波可简写为 sym 小波，比 db 小波具有较好的对称性，更适合于图像分析与处理的应用。图 1.23 所示为 sym2～sym8 的小波函数图形。

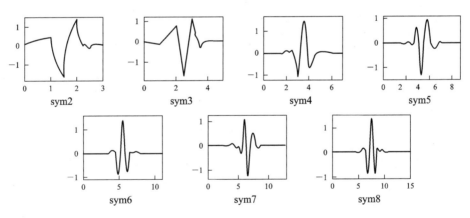

图 1.23　sym2～sym8 的小波函数图形

## 1.6　小波分析的主要内容与本书构架

1.6

　　信号分析的目的就是有效地提取信号中蕴含的信息。傅里叶分析将信号分解到一组组正交的正弦波上，它提供的是信号的频谱特征。由于傅里叶变换的正交性和频谱分析鲜明的物理意义以及存在快速傅里叶变换算法，傅里叶分析成为了传统信号分析的有力工具。但正弦基函数这把"尺子"过于规则，它要求信号是平稳的，而对于非平稳信号，将"尺子"换成规则程度较低的小波函数就能适合对另外一些信号的特征提炼。

一般来说，一些母小波本身就不具有正交性，这样的小波变换不能构成正交变换，非正交变换的结果存在冗余性；即使是正交的母小波，由于连续小波变换的尺度伸缩和时间平移两个参数是相互独立的，因此通过伸缩和平移得到的各个小波之间是相似的，这个特点除了适合分析本身具有自相似性的信号外，用这些具有相似的小波分析信号，其分析结果一定存在冗余性。

由于连续小波变换的结果存在冗余性，使得小波反变换的重构过程不是唯一的，因此减少小波变换的冗余度是小波分析要解决的问题之一。为了减少连续小波变换的冗余度，将尺度和平移两个参数离散化，使这两个参数取值是离散可数的，这就引进了离散小波变换。如果尺度参数是以 2 的幂次方形式给出的，且平移参数和尺度参数满足一定的关系，则称之为二进小波变换。尽管二进小波变换在离散的尺度上进行伸缩和平移，但是这些小波之间一般没有构成正交性，各个分量的信息掺杂在一起，为分析带来不便。只有离散化的伸缩和平移系数所生成的小波函数是正交的，才能去除小波变换的冗余性。

真正使小波分析走向应用的是 Meyer 于 1986 年提出的一组小波，其二进制伸缩和平移构成 $L^2(\mathbf{R})$ 函数空间的标准正交基。在此结果的基础上，1988 年 S. Mallat 在构造正交小波时提出了多分辨率分析的概念，从函数分析的角度给出了正交小波变换的数学解释，在函数空间的概念上形象地说明了小波分析的多分辨率特性，给出了构造正交小波的统一方法，并类似于傅里叶分析中的快速傅里叶算法，建立了正交小波变换的快速算法——Mallat 算法。正是这个快速小波分析算法的诞生，把小波分析从完美理论推到广泛应用的新境界。

本书以上述分析为主线，分十讲介绍小波分析及其应用的核心内容。本书主要构架如下：

第 1 讲　初识小波。首先分析傅里叶变换的局限性，从而引出小波分析的必要性；然后介绍连续小波变换的定义，解释小波变换的计算过程和意义；最后给出常用的几种小波的表达式和时域及频域波形。

第 2 讲　泛函分析初步。首先介绍线性空间、Banach 空间、距离空间、Hilbert 空间等一些特殊函数空间的定义和主要性质；然后给出函数空间的框架和正交基等概念。

第 3 讲　时频分析基础。首先介绍以短时傅里叶变换（Short Time Fourier Transform，STFT）为核心的线性时频分析，并讨论其存在的窗效应；然后给出魏格纳-威利分布（Wigner-Ville Distribution，WVD），针对其存在的交叉性干扰引入该函数平滑的双线性时频分析，也称为 Cohen 类时频分布；最后简要介绍自适应时频分布。

第 4 讲　连续小波变换。首先介绍连续小波变换的定义和意义；然后从时频分析网格和滤波器组进一步阐述小波变换与短时傅里叶变换的异同；其次介绍连续小波变换的主要性质；最后给出对小波的基本要求。

第 5 讲　小波级数与小波框架。首先从连续小波变换的冗余性和可计算性引出对连续小波变换的尺度与时移参数的离散化的必要性，得到离散化的小波变换形式；然后讨论离散化的特殊情况——二进小波变换，得到小波级数表达式；最后针对小波级数讨论小波框架理论。

第6讲　多分辨率分析——尺度空间与小波空间。首先介绍多分辨率分析(MRA)的基本思想,从对信号的多尺度逼近引入尺度函数与尺度空间的概念,为了寻找平方可积空间的一组正交基,通过尺度空间的补空间引出小波空间和小波函数;然后讨论信号在尺度空间和小波空间的多尺度分解;最后进一步讨论尺度函数与小波函数的性质,为后续内容做好铺垫。

第7讲　二尺度方程与正交滤波器组。首先介绍二尺度方程的时域递推关系;然后对二尺度方程的时域表示进行傅里叶变换,得到二尺度方程的频域表示形式,从而使尺度函数和小波函数与滤波器建立关系;最后讨论正交滤波器组的性质。

第8讲　正交小波基的构造。讨论在多分辨率分析(MRA)框架下如何构造正交小波基问题。由于 MRA 框架既可以由尺度函数生成,也可以由正交滤波器组$(H(\omega), G(\omega))$生成,因此,本讲首先分别讨论从尺度函数构造正交小波基的方法、由滤波器组构造正交小波基的方法以及由 B 样条函数构造正交小波基的方法,最后介绍紧支集正交小波基的构造方法。

第9讲　正交小波变换的快速实现算法。首先介绍基于尺度空间和小波空间的正交小波分解原理;然后推导 Mallat 算法中的分解与重构过程,并给出 Mallat 算法的分解与重构过程的滤波器简洁表示;其次介绍小波包分解的概念;最后简要给出双正交小波的分解与重构算法原理。

第10讲　小波分析的应用举例。举例说明小波分析在信号的突变特征检测、图像压缩编码和信号去噪与增强等三个方面的应用。

## 思　考　题

1. 傅里叶分析的局限性是什么?
2. 小波分析的核心内容是什么?
3. 如何理解本课程的课程主线?

# 第 2 讲　泛函分析初步

　　函数的概念建立了数集之间的对应关系，而数学、物理和工程实际问题中需要进一步建立任意两个集合之间的某种对应关系；为了描述具有无限自由度的物理系统，数学上需要将有限维空间拓广到无限维空间。泛函分析就是研究无限维空间的泛函数和算子理论。泛函分析也可以理解为无限维向量空间上的解析几何和数学分析。应用泛函分析方法可以把信号理论中线性空间的许多数学问题的处理方法系统化，使初看起来似乎毫无关系的数学概念与信号线性空间的分析之间建立本质联系。

　　数学上将信号表示成一个函数 $f(t)$，由满足某种约束条件的函数构成的集合称为函数空间，或称为信号空间。以集合论为基础的泛函分析中很重要的基本概念就是函数空间。信号可以按一定代数规则组合，以凸显信号包含的显著特征。信号处理系统就是针对信号进行某种运算。因为需要讨论在函数空间上赋予各种代数运算、度量距离、拓扑结构、收敛特性等，以得到几种常用的特殊函数空间，所以本讲首先给出这些特殊函数空间的定义，并列出它们的主要性质，然后给出函数空间的基以及正交基等概念。

## 2.1　集 合 与 映 射

2.1

　　在客观世界或主观思维中，常把一定范围内的所有对象作为一个整体来研究，通 常把这个整体称为一个集合，构成集合的对象称为集合的元素。例如，$[a,b]$ 区间上的所有连续函数构成一个集合，集合的元素就是连续函数。集合可用列写其所有元素来表示，也可用指明其满足的性质来表示。例如，当集合 $A$ 是由一切具有性质 $P$ 的元素 $x$ 构成时，可表示为

$$A = \{x : x \text{ 具有性质 } P\}$$

　　高等数学中，函数 $y = f(x)$ 表示从实数集 $\mathbf{R}$（或其子集）到实数集 $\mathbf{R}$ 的一种对应关系，这个对应关系可以推广到一般集合上。设 $X$、$Y$ 是两个非空集合，如果有一个对应关系存在，对于 $X$ 中的每一个元素 $x$，有 $Y$ 中的一个元素 $y$ 与其对应，则称给出了一个从 $X$ 到 $Y$ 的映射 $f$，记作 $f : X \to Y$，而且把 $x$ 与 $y$ 的对应关系写成 $y = f(x)$，表示 $f$ 把 $x$ 映射成 $y$，称 $y$ 是 $x$ 在映射 $f$ 下的像，称 $X$ 是 $f$ 的定义域，称集合 $f(X) = \{f(x) : x \in X\}$ 是 $f$ 的值域。

　　由于映射是函数概念的推广，因此有时也把映射称为函数、算子、变换。特别地，当 $Y$ 是数集（实数集 $\mathbf{R}$ 或复数集 $\mathbf{C}$）时，$f$ 称为定义在集合 $X$ 上的泛函。

2.2

# 2.2 距离空间

在信号分析中，往往把具有一定特性的信号归纳在一个信号集或一个等价子集中，集合中各信号元素之间存在差异，研究人员希望这个差异是可度量的。在信号集中引入类似几何空间"距离"的概念，即可得到一个抽象的代数空间。可以采用不同方式定义距离，从而度量信号之间的差别。距离空间是实直线 $\mathbf{R}$ 的推广，它在泛函分析(无限维分析)中的地位和作用类似于高等数学中的实直线 $\mathbf{R}$。距离空间为数学和工程中的各种不同问题的统一处理提供了基础。

设 $X$ 是任意一个非空集合，如果 $X$ 中任意两个元素 $x$ 与 $y$，都对应一个实数 $d(x, y)$，而且满足以下三条公理：

(1) 非负性：$d(x, y) \geqslant 0$，当且仅当 $x = y$，$d(x, y) = 0$；

(2) 对称性：$d(x, y) = d(y, x)$；

(3) 三角不等式：对于任意的 $x, y, z \in X$，恒有 $d(x, y) \leqslant d(x, z) + d(z, y)$，

则称 $d(x, y)$ 为 $x$ 与 $y$ 之间的距离，而称空间 $X$ 是以 $d(x, y)$ 为距离的距离空间，记作 $(X, d)$。在集合中引入距离，也就是在集合中引入了拓扑结构，且在集合中定义距离的方式不是唯一的。

对于直线 $\mathbf{R}$(所有实数的集合)，取常见的距离为

$$d(x, y) = |x - y|$$

对于平面中的一对有序的实数集，$x = (\xi_1, \xi_2)$，$y = (\eta_1, \eta_2)$，如果距离定义为

$$d(x, y) = \sqrt{(\xi_1 - \eta_1)^2 + (\xi_2 - \eta_2)^2}$$

则这个距离空间称为欧几里德平面 $\mathbf{R}^2$。也可以将距离定义为 $d_1(x, y) = |\xi_1 - \eta_1| + |\xi_2 - \eta_2|$，而成为另外的一种距离空间。

对同一个集合，定义不同的距离，就可以得到不同的距离空间。

**例 2.1**　设 $X = \mathbf{R}^n$，对于任意的 $\boldsymbol{x} = (x_1, x_2, \cdots, x_n)$，$\boldsymbol{y} = (y_1, y_2, \cdots, y_n) \in \mathbf{R}$，按照距离

$$d_1(\boldsymbol{x}, \boldsymbol{y}) = \sum_{k=1}^{n} |x_k - y_k|$$

$$d_2(\boldsymbol{x}, \boldsymbol{y}) = \left( \sum_{k=1}^{n} |x_k - y_k|^2 \right)^{\frac{1}{2}}$$

$$d_\infty(\boldsymbol{x}, \boldsymbol{y}) = \max_k |x_k - y_k|$$

分别形成 $(\mathbf{R}^n, d_1)$、$(\mathbf{R}^n, d_2)$ 和 $(\mathbf{R}^n, d_\infty)$ 三个不同的距离空间。

**例 2.2**　设由有限闭区间 $[a, b]$ 上的全体连续函数构成的空间为 $C[a, b]$，在 $C[a, b]$ 上可以引入如下几种不同形式定义的距离：

$$d_1(f, g) = \int_a^b |f(t) - g(t)| \mathrm{d}t$$

$$d_p(f, g) = \left( \int_a^b |f(t) - g(t)|^p \mathrm{d}t \right)^{\frac{1}{p}}$$

$$d_\infty(f, g) = \max_{t \in [a, b]} |f(t) - g(t)|$$

分别形成$(C[a, b], d_1)$、$(C[a, b], d_p)$和$(C[a, b], d_\infty)$三个不同的距离空间。

下面讨论距离空间的完备性。在距离空间$(X, d)$中的一个序列$\{x_n\}$，如果满足$\lim\limits_{n, m \to \infty} d(x_n, x_m) = 0$，即对于预先给定的任意的$\varepsilon > 0$，存在一个数$N$，当$m > N$和$n > N$时，都有距离$d(x_n, x_m) < \varepsilon$。或者等价地说，当$m \to \infty$，$n \to \infty$时，$d(x_n, x_m) \to 0$，则称序列$\{x_n\}$为一个柯西序列。如果在一个距离空间中的每一个柯西序列都收敛于该空间的点，则称此距离空间$(X, d)$是完备的。完备性是指空间中基本点列的极限收敛性质。可以证明空间$(C[a, b], d_\infty)$是完备的距离空间，而$(C[a, b], d_1)$不是完备的距离空间(证明过程见参考文献[2])。

## 2.3　Banach 空间

泛函分析的对象之一是从数学、物理和工程中提炼出来的大量的线性和非线性问题，为了有效地研究这类问题，需要引入线性空间的概念与性质，并在此基础上定义范数，引入赋范线性空间的概念。特别地，将完备的赋范线性空间称为 Banach 空间。

### 2.3.1　线性空间

设$X$是一个非空集合，$\mathbf{F}$是实数域$\mathbf{R}$或复数域$\mathbf{C}$，如果在$X$中可以定义向量加法和向量与纯数的乘积(简称数乘)两种代数运算，同时这两种运算满足交换律和结合律等，则称$X$是数域$\mathbf{F}$上的线性空间。当$\mathbf{F}$为实(或复)数域时，称$X$为实(或复)的线性空间。用数学语言描述如下：

（1）加法：

对于$X$中任意的两个元素$x$、$y$，有唯一的元素$z \in X$与之对应，称$z$为$x$与$y$的和，记为$z = x + y$，并满足向量加法的交换律和结合律等性质，即

$$x + y = y + x$$
$$(x + y) + z = x + (y + z)$$

$X$中存在元素$\theta$，使得对于任意的$x \in X$，有$\theta + x = x$，称$\theta$为$X$中的零元素。

对于任意的$x \in X$，存在加法逆元$-x$，使得$x + (-x) = \theta$。

（2）数乘：

对于$X$中的任意元素$x \in X$及$\mathbf{F}$中的任意数$\alpha \in \mathbf{F}$，有唯一元素$u \in X$与之对应，称$u$为数$\alpha$与元素$x$的数积，且对于任意的$x, y, z \in X$，$\alpha, \beta \in \mathbf{F}$，以下性质成立：

$$\alpha(\beta x) = (\alpha\beta)x$$
$$1 \cdot x = x, 0 \cdot x = \theta$$
$$\alpha(x + y) = \alpha x + \alpha y$$
$$(\alpha + \beta)x = \alpha x + \beta x$$

设$X$是$\mathbf{F}$上的线性空间，$M$是$X$的一个非空子集，如果对于任意的$x, y \in M$，$\alpha, \beta \in \mathbf{F}$，都有$\alpha x + \beta y \in M$，则称$M$是$X$的线性子空间，简称子空间。

设 $X$ 是 $\mathbf{F}$ 上的线性空间，$x_1, x_2, \cdots, x_n \in X$，$\boldsymbol{x} \in X$，如果存在数 $\alpha_1, \alpha_2, \cdots, \alpha_n \in \mathbf{F}$，使得 $x = \alpha_1 x_1 + \alpha_2 x_2 + \cdots + \alpha_n x_n$ 成立，则称 $\boldsymbol{x}$ 是 $x_1, x_2, \cdots, x_n$ 的线性组合。如果存在不全为零的数 $\alpha_1, \alpha_2, \cdots, \alpha_n \in \mathbf{F}$，使得 $\alpha_1 x_1 + \alpha_2 x_2 + \cdots + \alpha_n x_n = 0$ 成立，则称 $x_1, x_2, \cdots, x_n$ 是线性相关的，否则称为线性无关。如果在线性空间 $X$ 中可以找到 $n$ 个线性无关的向量，而任意 $n+1$ 个向量都是线性相关的，则称 $X$ 为 $n$ 维线性空间。$n$ 维线性空间 $X$ 中，由 $n$ 个向量组成的线性无关的向量组称为 $X$ 的基。

设 $M$ 是线性空间 $X$ 的任意非空子集，则 $M$ 中向量的所有的线性组合的集合称为 $M$ 的张成，记作 $\text{span}M$，即

$$\text{span}M = \left\{ \sum_{k=1}^{n} \alpha_k x_k : \alpha_k \in \mathbf{F}, x_k \in M, k = 1, 2, \cdots, n, n \in \mathbf{N} \right\}$$

### 2.3.2 赋范线性空间

2.3.2

对线性空间只考虑其代数特征还不够，必须通过定义其长度来研究其几何特征。对线性空间中的每一元素确定一个非负的实数，称其为范数。范数是一般化的长度，它反映的是抽象的"长度"。

设 $X$ 是数域 $\mathbf{F}$ 上的一个线性空间，如果对于 $X$ 中的每一个元素 $x \in X$，按照一定法则对应一个实数 $\| x \|$，而且对于任意的 $x, y \in X$ 和 $\alpha \in \mathbf{F}$，有以下性质成立：

(1) 正定性：$\| x \| \geqslant 0$，并且 $\| x \| = 0 \Leftrightarrow x = \theta$；

(2) 绝对齐次性：$\| \alpha x \| = | \alpha | \| x \|$；

(3) 三角不等式：$\| x + y \| \leqslant \| x \| + \| y \|$，

则称 $(X, \| \cdot \|)$ 为赋范线性空间，并称 $\| x \|$ 为元素 $x$ 的范数。

回顾向量空间中长度的非负性、只有零向量的长度为 0、常数可以乘一个向量、三角形的任意两边之和大于第三边等性质，就可以理解以上的范数所满足的性质。

几种常用的范数如下：

(1) $n$ 维实数空间 $\mathbf{R}^n$ 和 $n$ 维酉空间 $\mathbf{C}^n$ 的范数定义为

$$\| \boldsymbol{x} \| = \left( \sum_{i=1}^{n} | \xi_i |^2 \right)^{\frac{1}{2}}$$

(2) $l^p$ 空间的范数定义为

$$\| x \| = \left( \sum_{i=1}^{\infty} | \xi_i |^p \right)^{\frac{1}{p}}$$

(3) $l^\infty$ 空间的范数定义为

$$\| x \| = \sup_i | \xi_i |$$

(4) 连续函数空间 $C[a, b]$ 的范数定义为

$$\| x \| = \max_{t \in [a, b]} | x(t) |$$

对于赋范线性空间，都可以由范数引入距离，设 $d(x, y) = \| x - y \|$，使其成为距离空间，并且这个距离满足条件

$$\begin{cases} d(x, y) = d(x - y, \theta) \\ d(\alpha x, \theta) = | \alpha | d(x, \theta) \end{cases} \tag{2.1}$$

由于一般的距离空间的元素不一定满足线性运算，因此一般的距离空间不一定是赋范线性

空间。只有满足线性运算的距离空间才可称为线性距离空间。式(2.1)是线性距离空间成为赋范线性空间的充分必要条件。

### 2.3.3　Banach 空间

定义了范数和距离的概念后，就可以研究空间对极限运算的封闭性。首先给出范数收敛的概念和柯西序列的定义。

2.3.3

**1. 范数收敛**

设$(X, \|\cdot\|)$是赋范线性空间，$\{x_n\}_{n\geqslant 1} \subset X$，$x \in X$，如果$\lim\limits_{n\to\infty} \|x_n - x\| = 0$，则称$\{x_n\}_{n\geqslant 1}$依范数收敛于$x$。

**2. 柯西序列**

设$(X, \|\cdot\|)$是赋范线性空间，$\{x_n\}_{n\geqslant 1} \subset X$，假如对于任意的$\varepsilon > 0$，存在正整数$N$，使得当$n > N$时，对于任意的正整数$p$，有范数$\|x_n - x_{n+p}\| < \varepsilon$，则称$\{x_n\}_{n\geqslant 1}$是$(X, \|\cdot\|)$中的柯西序列。

如果一个赋范线性空间中的每个柯西序列都趋于此空间的一个向量，则称此赋范线性空间是完备的。一个完备的赋范线性空间称为 Banach 空间。

**例 2.3**　$n$ 维实数空间 $\mathbf{R}^n$ 是 Banach 空间。

在 $n$ 维实数空间 $\mathbf{R}^n$ 中定义元素 $\boldsymbol{x} = (x_1, x_2, \cdots, x_n)$，$\boldsymbol{y} = (y_1, y_2, \cdots, y_n)$的相加与数乘分别为

$$\boldsymbol{x} + \boldsymbol{y} = (x_1 + y_1, x_2 + y_2, \cdots, x_n + y_n)$$
$$\alpha\boldsymbol{x} = (\alpha x_1, \alpha x_2, \cdots, \alpha x_n)$$

则 $\mathbf{R}^n$ 是一个线性空间。在 $\mathbf{R}^n$ 中定义范数为

$$\|\boldsymbol{x}\|_2 = \Big(\sum_{k=1}^{n} |x_k|^2\Big)^{\frac{1}{2}}$$

则 $\mathbf{R}^n$ 构成一个赋范线性空间，这样引入的范数称为欧几里德范数，所形成的空间称为欧几里德空间。在 $\mathbf{R}^n$ 中的收敛等价于按坐标收敛，故 $n$ 维实数空间 $\mathbf{R}^n$ 是 Banach 空间。

**例 2.4**　连续函数空间 $C[a, b]$ 是 Banach 空间。

设 $x(t)$ 是 $[a, b]$ 上的连续函数，则 $C[a, b] = \{x(t)\}$。定义元素 $x(t)$ 与 $y(t)$ 的相加以及标量 $\alpha$ 与元素 $x(t)$ 的相乘分别为

$$(x + y)(t) = x(t) + y(t)$$
$$(\alpha x)(t) = \alpha x(t)$$

所以 $C[a, b]$ 是一个线性空间。再在 $C[a, b]$ 上定义范数和距离分别为

$$\|x\|_\infty = \max_{a\leqslant t\leqslant b} |x(t)| \qquad (x(t) \in C[a, b])$$
$$\rho(x, y) = \max |x(t) - y(t)| \qquad (t \in [a, b], x(t), y(t) \in C[a, b])$$

可以证明$(C[a, b], \|\cdot\|_\infty)$是一个 Banach 空间。

此外，可以证明平方可积空间 $L^2(\mathbf{R})$ 和平方可和序列空间 $l^2$ 都是 Banach 空间。

对于平方可积空间 $L^2(\mathbf{R})$，如果信号 $x(t)$ 满足 $\int_{\mathbf{R}} |x(t)|^2 \mathrm{d}t < \infty$，则称 $x(t)$ 为能量有限信号，称所有 $x(t)$ 的集合 $L^2(\mathbf{R}) = \{x(t): \int_{\mathbf{R}} |x(t)|^2 \mathrm{d}t < \infty\}$ 为平方可积空间 $L^2(\mathbf{R})$。在

$L^2(\mathbf{R})$ 上定义范数和距离分别为

$$\| x \|_2 = \left( \int_{-\infty}^{\infty} | x(t) |^2 \mathrm{d}t \right)^{\frac{1}{2}}$$

$$d(x, y) = \left( \int_{\mathbf{R}} | x(t) - y(t) |^2 \mathrm{d}t \right)^{1/2} \quad (x(t), y(t) \in L^2(\mathbf{R}))$$

对于平方可和序列空间 $l^2$，$l^2 = \left\{ \boldsymbol{x} = (x_1, x_2, \cdots, x_n, \cdots): \sum_{i=1}^{\infty} | x_i |^2 < \infty \right\}$，设任意元素 $\boldsymbol{x} = (x_1, x_2, \cdots)$，$\boldsymbol{y} = (y_1, y_2, \cdots)$，定义范数和距离分别为

$$\| \boldsymbol{x} \|_2 = \left( \sum_{k=1}^{\infty} | x_k |^2 \right)^{\frac{1}{2}}$$

$$d(\boldsymbol{x}, \boldsymbol{y}) = \left[ \sum_{i=1}^{\infty} (x_i - y_i)^2 \right]^{\frac{1}{2}} \quad (\boldsymbol{x}, \boldsymbol{y} \in l^2)$$

## 2.4　内积空间与 Hilbert 空间

2.4

$n$ 维实数空间 $\mathbf{R}^n$ 中的长度、夹角、正交等几何性质可以用内积刻画，所以，本节首先将内积的概念推广到一般线性空间，从而讨论一般线性空间的度量性质，然后引入 Hilbert 空间的概念。

**1. 内积空间**

设 $X$ 是数域 $\mathbf{F}$ 上的线性空间，若存在映射 $\langle \cdot, \cdot \rangle: X \times X \rightarrow \mathbf{F}$，即对于任意的 $x, y, z \in X$，$\alpha, \beta \in \mathbf{F}$，以下性质成立：

(1) 正定性：$\langle x, x \rangle \geqslant 0$，并且 $\langle x, x \rangle = 0$，当且仅当 $x = 0$；

(2) 共轭对称性：$\langle x, y \rangle = \overline{\langle y, x \rangle}$；

(3) 数乘：$\langle \alpha x, y \rangle = \alpha \langle x, y \rangle$；

(4) 可加性：$\langle x + y, z \rangle = \langle x, z \rangle + \langle y, z \rangle$；

(5) 对第一个变元的线性：$\langle \alpha x + \beta y, z \rangle = \alpha \langle x, z \rangle + \beta \langle y, z \rangle$；

(6) 对第二个变元的共轭线性：$\langle x, \alpha y + \beta z \rangle = \bar{\alpha} \langle x, y \rangle + \bar{\beta} \langle x, z \rangle$，

则称 $\langle \cdot, \cdot \rangle$ 是 $X$ 上的一个内积，并称 $(X, \langle \cdot, \cdot \rangle)$ 是一个内积空间。

**例 2.5**　$n$ 维实数空间 $\mathbf{R}^n$ 是一个实内积空间。

对于空间元素 $\boldsymbol{x} = (x_1, x_2, \cdots, x_n)$，$\boldsymbol{y} = (y_1, y_2, \cdots, y_n)$，定义内积为

$$\langle \boldsymbol{x}, \boldsymbol{y} \rangle = \sum_{k=1}^{n} x_k y_k$$

**例 2.6**　$(\mathbf{C}^n, \langle \cdot, \cdot \rangle)$ 是一个复内积空间。

设 $X = \mathbf{C}^n$，对于空间元素 $\boldsymbol{x} = (x_1, x_2, \cdots, x_n)$，$\boldsymbol{y} = (y_1, y_2, \cdots, y_n)$，定义内积为

$$\langle \boldsymbol{x}, \boldsymbol{y} \rangle = \sum_{k=1}^{n} x_k \bar{y}_k$$

**例 2.7**　连续函数空间 $C[a, b]$ 是一个内积空间。因为定义内积为

$$\langle f(t), g(t) \rangle = \int_{a}^{b} f(t) g^*(t) \mathrm{d}t$$

容易验证它满足内积空间的所有性质，所以，连续函数空间 $C[a,b]$ 是一个内积空间。

在内积空间中，两个函数之间的关系用内积来刻画，可以大大简化对空间性质的讨论，也更容易理解函数之间的关系。对于两个函数 $f(t)$ 和 $g(t)$，如果 $\langle f(t),g(t)\rangle=0$，则称函数 $f(t)$ 与 $g(t)$ 正交。

设 $X$ 是内积空间，对于任意的 $x\in X$，定义 $\|x\|=\langle x,x\rangle^{\frac{1}{2}}$，则称 $\|\cdot\|$ 是内积空间 $X$ 上的范数。这样定义的范数满足范数的三个性质，因此，内积空间是一个赋范线性空间。又赋范线性空间也是距离空间，所以，在赋范线性空间和距离空间中考察的定义、概念和结论也都适用于内积空间。

**2. Hilbert 空间**

类似于 Banach 空间的引入，一个完备的内积空间称为 Hilbert 空间。或者等价地说，如果在 Banach 空间 $X$ 上存在一个内积 $\langle\cdot,\cdot\rangle$，使得 $X$ 上的范数正好是由 $\|x\|=\langle x,x\rangle^{\frac{1}{2}}$ 所定义的范数，则称 $X$ 为 Hilbert 空间。

可以证明，$n$ 维实数空间 $\mathbf{R}^n$、$n$ 维复数空间 $\mathbf{C}^n$、平方可和序列空间 $l^2$ 和平方可积空间 $L^2(\mathbf{R})$ 都是 Hilbert 空间。

在内积空间中，内积和范数有如下关系：

(1) $|\langle x,y\rangle|\leqslant\|x\|\|y\|$，当且仅当 $x,y$ 线性相关时，等号成立；

(2) $\|x+y\|\leqslant\|x\|+\|y\|$，当且仅当 $y=0$ 或者 $x=cy$ 时，等号成立；

(3) $\langle x,y\rangle=\dfrac{1}{4}(\|x+y\|^2+\|x-y\|^2)$；

(4) 在内积空间中，范数满足平行四边形法则，即 $\|x+y\|^2+\|x-y\|^2=2(\|x\|^2+\|y\|^2)$。

## 2.5　标准正交基与框架

2.5

信号分解与重构是信号分析的基本问题。信号分解是指将一个信号用一系列基函数表示，而信号重构是利用基函数和分解系数完全恢复原信号。对于给定的一个或一类函数，如何选择一个合适的基函数是重要问题。基函数选择的重要依据是看信号在这组基函数下的分解系数是否能准确地反映该信号的本质特征。虽然利用标准正交基对信号进行分解有明显的优点，但是适合某类信号的标准正交基有时并不存在，所以，有时可以不受正交基的限制而从更宽的范围内寻求适合于信号分解与重构的基函数，于是，需要讨论框架的概念。所以，本节讨论函数空间的基函数和信号展开所涉及的正交基、双正交基、框架等概念。

**1. 标准正交基**

令 $H$ 是一个完备的内积空间，即 Hilbert 空间，离散序列族 $\{g_i(t),i\in\mathbf{Z}\}$ 称为 Hilbert 空间的标准正交基或 Hilbert 基，当且仅当：

(1) 正交性：若 $m,n\in\mathbf{Z}$ 和 $m\neq n$，则 $\langle g_m,g_n\rangle=0$；

(2) 归一化：对每个 $n\in\mathbf{Z}$，都有 $\|g_n\|=1$；

（3）完备性：对于任意一个 $f(t) \in H$，如果有 $\langle f(t), g_n \rangle = 0$，$\forall n \in \mathbf{Z}$，则必有 $f(t) = 0$。

若离散序列族 $\{g_i(t), i \in \mathbf{Z}\}$ 同时满足以上三个条件，则称其为标准正交基；若只满足前两个条件，则称其为正交归一化函数系；若只满足第一个条件，则称其为正交系。

还可以用稠密性来定义标准正交基。

若离散序列族 $\{g_i(t), i \in \mathbf{Z}\}$ 在 $H$ 内是稠密的，则对每一个 $f(t) \in H$ 和 $\varepsilon > 0$，可以找到一个足够大的整数 $N$ 和常数 $c_{-N}$，$c_{-N+1}$，$\cdots$，$c_{N-1}$，$c_N$，使得 $\left\| f(t) - \sum_{k=-N}^{N} c_k g_k(t) \right\| < \varepsilon$。或者说，任何一个函数 $f(t) \in H$ 都可以用离散序列族 $\{g_i(t), i \in \mathbf{Z}\}$ 的有限个线性组合充分逼近，则称离散序列族 $\{g_i(t), i \in \mathbf{Z}\}$ 在 $H$ 内是稠密的。一个稠密的标准正交系称为标准正交基。

由泛函分析知识可知，平方可积空间 $L^2(\mathbf{R})$ 的函数可以像向量空间那样进行正交分解。对于 $f(t) \in L^2(\mathbf{R})$，存在 $L^2(\mathbf{R})$ 上的标准正交基 $g_i(t)$，$t \in \mathbf{R}$，$i = 1, 2, \cdots$，使得

$$f(t) = \sum_{i=1}^{\infty} c_i g_i(t) \tag{2.2}$$

即平方可积空间 $L^2(\mathbf{R})$ 的任意一个函数 $f(t)$ 都可以用 $L^2(\mathbf{R})$ 的标准正交基进行线性组合表示出来，其中分解系数为

$$c_i = \langle f(t), g_i(t) \rangle = \int_{-\infty}^{+\infty} f(t) g_i^*(t) \mathrm{d}t \tag{2.3}$$

它是信号 $f(t)$ 在基函数上的投影，因而能给出 $f(t)$ 中含有与基函数 $g_i(t)$ 相关联的信息。

**2. 双正交基**

有时基函数本身不能构成标准正交基，但引入其对偶基函数 $\tilde{g}_i(t)$，则有

$$\langle g_k(t), \tilde{g}_l(t) \rangle = \delta(k - l)$$

成立，即正交性存在于展开系和对偶系之间，称这种基为双正交基。此时，信号的展开与重构为

$$f(t) = \sum_{k=1}^{\infty} \langle f(t), \tilde{g}_k(t) \rangle g_k(t) \tag{2.4}$$

如果离散序列族 $\{g_i(t), i \in \mathbf{Z}\}$ 构成标准正交基，则信号按式（2.2）和式（2.3）展开；如果离散序列族 $\{g_i(t), i \in \mathbf{Z}\}$ 构成双正交基，则信号按式（2.4）展开。在这两种情况下，展开系数是唯一的，因为基函数之间是不相关的。

**3. 框架**

如果函数序列族 $\{\psi_i(t), i \in \mathbf{Z}\}$ 中各个元素之间是相关的，对于任意一个 $f(t) \in L^2(\mathbf{R})$ 希望按照式（2.4）展开，则称序列族 $\{\psi_i(t), i \in \mathbf{Z}\}$ 为一个框架，并且希望信号在展开前后有一个能量对应关系，相似于正交基的展开的能量守恒定理。这种展开必须满足以下条件：

令 $H$ 是 Hilbert 空间，$\{\psi_i(t), i \in \mathbf{Z}\}$ 为 $H$ 中的一个函数序列，且 $\{\psi_i(t), i \in \mathbf{Z}\}$ 中各个元素之间是相关的，对于任意的 $f \in H$，存在 $0 < A < B < \infty$，使得不等式

$$A \| f \|^2 \leqslant \sum_{i \in \mathbf{Z}} |\langle f, \psi_i \rangle|^2 \leqslant B \| f \|^2 \tag{2.5}$$

成立，则将 $\{\psi_i(t), i \in \mathbf{Z}\}$ 称为一个框架，$A$、$B$ 分别称为框架的下界和上界。框架的界给出了用框架展开函数的冗余度。当 $A = B = 1$ 时，框架没有冗余，框架演化为正交基。如果 $A = B$，则称此框架为紧框架，有

$$\sum_{i \in \mathbf{Z}} |\langle f, \psi_i \rangle|^2 = A \| f \|^2 \qquad (2.6)$$

进一步地,如果函数序列族$\{\psi_i(t), i \in \mathbf{Z}\}$对于任何数列$\{c_n\} \in l^2$可使

$$A \| c_n \|^2 \leqslant \sum_n |c_n \psi_n(t)|^2 \leqslant B \| c_n \|^2 \qquad (2.7)$$

成立,则称$\{\psi_i(t), i \in \mathbf{Z}\}$为一个 Riesz 基。其中$0 < A \leqslant B$,$A$和$B$分别称为 Riesz 基的下界和上界。可以证明式(2.7)的 Riesz 基条件是比框架条件更严格的条件,即满足 Riesz 基条件的函数序列族$\{\psi_i(t), i \in \mathbf{Z}\}$一定能满足式(2.5)的框架条件,但反过来说不成立。

## 思 考 题

1. 分类问题和识别问题可视为距离的度量,如何针对不同的问题,选用不同的度量距离?

2. 如何理解框架、Riesz 基、标准正交基各自的定义?

# 第 3 讲 时频分析基础

对于非平稳时变信号，需要研究其频谱随时间的变化规律。时频分析是非平稳信号分析的有力工具。时频分析方法主要分为线性时频分析、双线性（二次型）时频分析和自适应时频分析。线性时频分析由傅里叶变换演变而来，满足线性可加条件，常用的有短时傅里叶变换（STFT）、Gabor 变换和小波变换；二次型时频分析由功率谱或能量谱演变而来，它不满足线性可加条件，典型代表有魏格纳-威利分布（WVD）等 Cohen 类时频分布。为了深入理解小波变换的时频分析作用，本讲首先介绍时频分析的基本概念，然后介绍以短时傅里叶变换为核心的线性时频分析方法，其次引入以 WVD 为核心的双线性时频分析，最后介绍自适应时频分析的典型方法——匹配追踪算法的原理和应用。

## 3.1 时频分析的基本概念

3.1

在非平稳信号分析处理中，往往需要用窗函数来选择信号的分析时段。窗函数的选择对提高时间分辨率和频率分辨率起着关键作用。下面介绍时频分析中用到的几个基本概念。

### 1. 信号的时宽和带宽

信号 $x(t)$ 的有限宽度 $T = \Delta t$ 和频谱 $X(f)$ 的有限宽度 $B = \Delta f$ 分别称为该信号的时宽和带宽，并定义为

$$
\begin{cases}
T^2 = (\Delta t)^2 = \dfrac{\displaystyle\int_{-\infty}^{\infty} t^2 \, |x(t)|^2 \, \mathrm{d}t}{\displaystyle\int_{-\infty}^{\infty} |x(t)|^2 \, \mathrm{d}t} \\[4mm]
B^2 = (\Delta f)^2 = \dfrac{\displaystyle\int_{-\infty}^{\infty} f^2 \, |X(f)|^2 \, \mathrm{d}f}{\displaystyle\int_{-\infty}^{\infty} |X(f)|^2 \, \mathrm{d}f}
\end{cases}
\tag{3.1}
$$

### 2. 不确定性原理

对于能量有限的任意信号 $x(t)$，持续时间（时宽）和其频带宽度（带宽）的乘积总是满足不等式：

$$
\Delta t \Delta f \geqslant \frac{1}{4\pi}
\tag{3.2}
$$

其中，$\Delta t$、$\Delta f$ 分别为时宽和带宽。一般用 $\Delta t$、$\Delta f$ 表示时间分辨率和频率分辨率。不确定

性原理又称 Heisenberg 不等式。由式(3.2)可以看出,信号的时宽和带宽不可能同时有限,即不存在同时拥有任意小的时宽和任意小频率带宽的窗函数。只有当窗函数为高斯函数时,式(3.2)才能取等号。傅里叶变换架起了信号的时域表示和频域表示之间的桥梁,因此,信号的时域特性和频域特性不是相互独立的,而是相互联系的。当信号的持续时间为有限时,信号的频率带宽则为无限;反之,当信号的持续时间为无限时,信号的频率带宽则为有限。两个极端的例子是:冲激信号的时宽为 0,带宽为 $\infty$;而单位直流信号的时宽为 $\infty$,带宽为 0。信号不可能同时具有有限的持续时间和有限的频率带宽。

**3. 时间能量密度**

信号 $x(t)$ 的能量密度函数记作 $|x(t)|^2$,在 $\Delta t$ 内的能量为 $|x(t)|^2 \Delta t$,则信号在时域的总能量 $E_t$ 为

$$E_t = \int_{-\infty}^{\infty} |x(t)|^2 \, \mathrm{d}t \tag{3.3}$$

由式(3.3)可知,信号在任意时刻的能量密度具有无限的时间分辨率,而频率分辨率为零。

**4. 频率能量密度**

对频谱为 $X(f)$ 的非平稳信号,频域能量密度函数记作 $|X(f)|^2$,在 $\Delta f$ 内的能量为 $|X(f)|^2 \Delta f$,则信号在频域的总能量 $E_f$ 为

$$E_f = \int_{-\infty}^{\infty} |X(f)|^2 \, \mathrm{d}f \tag{3.4}$$

由式(3.4)可知,信号在任意频率的能量密度具有无限的频率分辨率,而时间分辨率为零。

**5. 时频能量密度**

对解析信号 $z(t)$ 进行时频分析时,首先要设计时频分布时间和频率的联合分布函数 $P(t, f)$,它是时间 $t$ 和频率 $f$ 的能量密度函数,表示单位时间和单位频率的能量。令 $E_{tf}$ 为在 $t$、$f$ 时频点处在时频网格 $\Delta t \Delta f$ 内的能量,则有

$$P(t, f)\Delta t \Delta f = E_{tf}$$

设非平稳信号 $z(t)$ 的时变自相关函数为 $R_i(t, \tau)$,因为在计算 $R_i(t, \tau)$ 的过程中作了滑窗处理,所以 $R_i(t, \tau)$ 也被称为局部相关函数。对 $R_i(t, \tau)$ 进行傅里叶变换,就可得到能量时频分布,即

$$P(t, f) = \int_{-\infty}^{\infty} R_i(t, \tau) \mathrm{e}^{-2\pi \tau f} \, \mathrm{d}\tau \tag{3.5}$$

对式(3.5)取不同形式定义的局部相关函数,就能得到不同形式的时频分布。

$P(t, f)$ 作为时频能量密度,希望满足以下一些性质:

性质 1:时频分布 $P(t, f)$ 是非负的,即

$$P(t, f) \geqslant 0 \tag{3.6}$$

性质 2:时频分布 $P(t, f)$ 关于时间和频率的积分应给出信号总能量 $E$,即

$$\int_{-\infty}^{\infty} \int_{-\infty}^{\infty} P(t, f)\mathrm{d}t\mathrm{d}f = E \tag{3.7}$$

性质 3:时频分布 $P(t, f)$ 的边缘特性,即

$$\int_{-\infty}^{\infty} P(t, f)\mathrm{d}t = |Z(f)|^2 \tag{3.8}$$

$$\int_{-\infty}^{\infty} P(t, f) \mathrm{d}f = |z(t)|^2 \tag{3.9}$$

性质 4：时频分布 $P(t, f)$ 的一阶矩得到的瞬时频率和群延迟分别为

$$f_{\mathrm{i}}(t) = \frac{1}{2\pi} \frac{\mathrm{d}}{\mathrm{d}t} \arg[x(t)] = \frac{\int f P(t, f) \mathrm{d}f}{\int P(t, f) \mathrm{d}f} \tag{3.10}$$

$$\tau_{\mathrm{g}}(f) = \frac{1}{2\pi} \frac{\mathrm{d}}{\mathrm{d}f} \arg[X(f)] = \frac{\int t P(t, f) \mathrm{d}t}{\int P(t, f) \mathrm{d}t} \tag{3.11}$$

性质 5：有限支撑特性，当信号只在某个时间区间取非零值，或者信号的频谱只在某个频谱区间取非零值时，时频分布 $P(t, f)$ 也定义在相同的区间或相同的频带内。利用任何一种时频分布对非平稳信号进行分析，都希望该时频分布 $P(t, f)$ 在时频平面上具有较小的时频支撑区，即较高的时频聚焦性。

## 3.2　短时傅里叶变换

### 3.2.1　短时傅里叶变换的定义和物理意义

3.2.1

早在 1946 年，Gabor 就提出了短时傅里叶变换的概念，用以测量声音信号的频率定位。非平稳信号在短时间内可假定是平稳的，用一个滑动的窗函数截取一段信号后对其作傅里叶变换，就可以了解这段信号所包含的频谱信息。这样，不仅知道信号所包含的频率，还可以确定这些频率出现的时刻。

设信号 $x(t) \in L^2(\mathbf{R})$，其 STFT 定义为

$$\begin{aligned}
\mathrm{STFT}_x(t, \Omega) &= \langle x(\tau), g(\tau - t) \mathrm{e}^{\mathrm{j}\Omega\tau} \rangle \\
&= \int x(\tau) g^*(\tau - t) \mathrm{e}^{-\mathrm{j}\Omega\tau} \mathrm{d}\tau
\end{aligned} \tag{3.12}$$

令

$$g_{t, \Omega}(\tau) = g(\tau - t) \mathrm{e}^{\mathrm{j}\Omega\tau} \tag{3.13}$$

且

$$\| g(\tau) \| = 1, \quad \| g_{t, \Omega}(\tau) \| = 1$$

STFT 含义可解释如下：先将 $x(t)$ 和 $g(t)$ 的时间变量 $t$ 换成 $\tau$，在时域用窗函数 $g(\tau)$ 去截取一段 $x(\tau)$，对截下来的这段局部信号进行傅里叶变换，得到在 $t$ 时刻的该段信号的傅里叶变换；不断地移动 $t$，即不断地移动窗函数 $g(\tau)$ 的中心位置，即可得到不同时刻的傅里叶变换，这些傅里叶变换的集合构成 $\mathrm{STFT}_x(t, \Omega)$，如图 3.1 所示。显然，$\mathrm{STFT}_x(t, \Omega)$ 是变量 $(t, \Omega)$ 的二维函数。

由于 $g(\tau)$ 是窗函数，因此它在时域应是有限支撑的。又由于 $\mathrm{e}^{\mathrm{j}\Omega\tau}$ 在频域是线谱，因此 STFT 的基函数 $g(\tau - t) \mathrm{e}^{\mathrm{j}\Omega\tau}$ 在时域和频域都应是有限支撑的。这样，式 (3.12) 的内积结果即可实现对 $x(t)$ 的时频定位功能。对式 (3.13) 两边作傅里叶变换，有

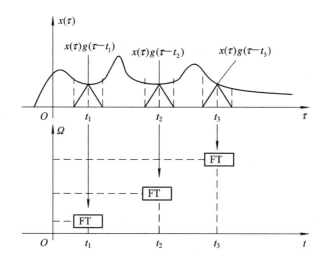

图 3.1　STFT 示意图

$$G_{t,\,\Omega}(\nu) = \int g(\tau - t) \mathrm{e}^{\mathrm{j}\Omega\tau} \mathrm{e}^{-\mathrm{j}\nu\tau} \mathrm{d}\tau = \mathrm{e}^{-\mathrm{j}(\nu-\Omega)t} \int g(t') \mathrm{e}^{-\mathrm{j}(\nu-\Omega)t'} \mathrm{d}t'$$

$$= G(\nu - \Omega) \mathrm{e}^{-\mathrm{j}(\nu-\Omega)t} \tag{3.14}$$

式中，$\nu$ 是与 $\Omega$ 等效的频率变量。

由于

$$\langle x(t),\, g_{t,\,\Omega}(\tau) \rangle = \frac{1}{2\pi} \langle X(\nu),\, G_{t,\,\Omega}(\nu) \rangle$$

$$= \frac{1}{2\pi} \int_{-\infty}^{\infty} X(\nu) G^*(\nu - \Omega) \mathrm{e}^{\mathrm{j}(\nu-\Omega)t} \mathrm{d}\nu \tag{3.15}$$

因此，另一种形式表示的 STFT 为

$$\mathrm{STFT}_x(t,\, \Omega) = \mathrm{e}^{-\mathrm{j}\Omega t} \frac{1}{2\pi} \int_{-\infty}^{\infty} X(\nu) G^*(\nu - \Omega) \mathrm{e}^{\mathrm{j}\nu t} \mathrm{d}\nu \tag{3.16}$$

式(3.16)表明，在时域对 $x(\tau)$ 加窗 $g(\tau - t)$ 等效于在频域对 $X(\nu)$ 加窗 $G(\nu - \Omega)$。

### 3.2.2　短时傅里叶变换的时频分辨率

由图 3.1 可以看出，基函数 $g_{t,\,\Omega}(\tau)$ 的时间中心 $\tau_0 = t$，这里，$t$ 是移位变量，其时宽为

3.2.2

$$\Delta_\tau^2 = \int (\tau - t)^2 \mid g_{t,\,\Omega}(\tau) \mid^2 \mathrm{d}\tau = \int \tau^2 \mid g(\tau) \mid^2 \mathrm{d}\tau \tag{3.17}$$

即 $g_{t,\,\Omega}(\tau)$ 的时间中心由 $t$ 决定，而时宽与时间中心 $t$ 无关。同理，$G_{t,\,\Omega}(\nu)$ 的频率中心 $\nu_0 = \Omega$，而带宽为

$$\Delta_\nu^2 = \frac{1}{2\pi} \int (\nu - \Omega)^2 \mid G_{t,\,\Omega}(\nu) \mid^2 \mathrm{d}\nu = \frac{1}{2\pi} \int_{-\infty}^{\infty} \nu^2 \mid G(\nu) \mid^2 \mathrm{d}\nu \tag{3.18}$$

带宽也与中心频率 $\Omega$ 无关。这样，STFT 的基函数 $g_{t,\,\Omega}(\tau)$ 在频平面上具有如下的时频分析网格：时频中心位于 $(t,\, \Omega)$ 处，时频区域为 $\Delta_\tau \cdot \Delta_\nu$，且不管 $t$、$\Omega$ 取何值，该时频网格的面积始终保持不变，该面积的大小就是 STFT 的时频分辨率，如图 3.2 所示。

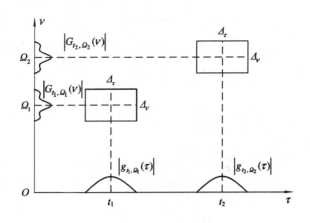

图 3.2　STFT 的时频分辨率

在对非平稳信号作时频分析时，对快变的高频信号，希望用高的时间分辨率以观察其快变变化，即观察的时间宽度要小，但受固定时宽与带宽积的影响，要降低该信号的频域分辨率。即对于快变的高频信号，希望有高的时间分辨率，但同时就要降低频域分辨率。反之，对于慢变的低频信号，则希望在低频处有高的频率分辨率，但受固定时宽与带宽积的影响，不可避免地要降低时域分辨率。因此，在分析这类信号时，希望所采取的时频分析网格能自动适应这一要求。显然，由于 STFT 的时宽和带宽 $\Delta_\tau$、$\Delta_\nu$ 不随 $t$、$\Omega$ 变化而变化，因而不具备时频自动调节能力。

下面通过例题来讨论 STFT 的时频分辨率与窗函数的关系。

**例 3.1**　令信号 $x(\tau)=\delta(\tau-\tau_0)$，可以求出其 STFT 为

$$\mathrm{STFT}_x(t,\Omega)=\int\delta(\tau-\tau_0)g(\tau-t)\mathrm{e}^{-\mathrm{j}\Omega\tau}$$
$$=g(\tau_0-t)\mathrm{e}^{-\mathrm{j}\Omega\tau_0} \tag{3.19}$$

该例说明，STFT 的时间分辨率由窗函数 $g(\tau)$ 的宽度来决定。

**例 3.2**　若信号 $x(\tau)=\mathrm{e}^{\mathrm{j}\Omega_0\tau}$，则其 STFT 为

$$\mathrm{STFT}_x(t,\Omega)=\int\mathrm{e}^{\mathrm{j}\Omega_0\tau}g(\tau-t)\mathrm{e}^{-\mathrm{j}\Omega\tau}\mathrm{d}\tau$$
$$=G(\Omega-\Omega_0)\mathrm{e}^{-\mathrm{j}(\Omega-\Omega_0)t} \tag{3.20}$$

该例说明，STFT 的频率分辨率由 $g(\tau)$ 频谱的宽度来决定。

这两个例子给出的是两种极端的情况，即 $x(t)$ 分别是时域的 δ 函数和频域的 δ 函数。显然，如果想通过 STFT 得到好的时频分辨率，应选取时宽和带宽都比较窄的窗函数 $g(\tau)$，但由于受不确定性原理的限制，无法做到使 $\Delta_\tau$、$\Delta_\nu$ 同时为最小。为说明这一点，再看两个极端的情况。

**例 3.3**　若窗函数 $g(\tau)=1$，$\forall\tau$，有 $G(\Omega)=\delta(\Omega)$，于是，$\mathrm{STFT}_x(t,\Omega)=X(\Omega)$。这时，STFT 退化为傅里叶变换，它不能给出任何的时间定位信息。其实，由于 $g(\tau)$ 为无限时宽的矩形窗，等于没有对信号作加窗函数截短。图 3.3 所示的是在 $g(\tau)=1$，$\forall\tau$ 的情况下所求出的一个高斯幅度调制的 Chirp 信号的 STFT。其中：上面是时域波形，中心在 $t=70$ s 处，时宽约为 15 s；左边是其频谱；右下方是其 STFT，此时的 STFT 无任何时域定位功能。

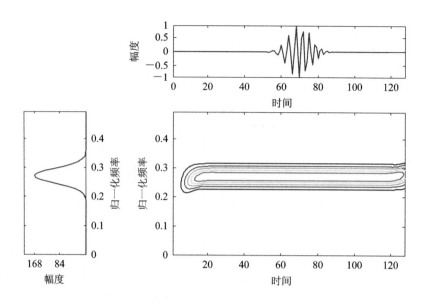

图 3.3　窗函数为无限宽时的 STFT

**例 3.4**　令 $g(\tau)=\delta(\tau)$，则 $\mathrm{STFT}_x(t,\Omega)=x(t)\mathrm{e}^{-\mathrm{j}\Omega t}$，这时可实现时域的准确定位，即 $\mathrm{STFT}_x(t,\Omega)$ 的时间中心是 $x(t)$ 的时间中心，但无法实现频域的定位功能，如图 3.4 所示。

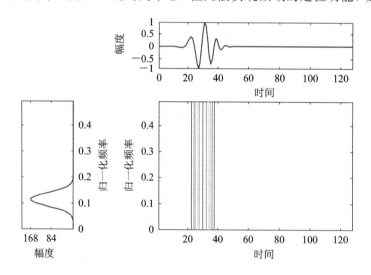

图 3.4　窗函数为无限窄时的 STFT

**例 3.5**　设 $x(t)$ 由两个类似于例 3.3 的信号迭加而成，其中一个时间中心在 $t_1=50$ s 处，时宽为 32 s，另一个时间中心在 $t_2=90$ s 处，时宽也为 32 s，调制信号的归一化频率都是 0.25 Hz，如图 3.5 的上部。在时频分布中，类似于例 3.3 及例 3.4 这样的信号，往往都称为一个"时频原子"。该例中的 $x(t)$ 信号包含了两个时频原子信号。选择 $g(\tau)$ 为 Hanning 窗，取窗的宽度为 55，其 STFT 如图 3.5(a)所示，这时频率定位是准确的，而在时间上分不出这两个"时频原子"的时间中心；将窗函数的宽度减小到 13，所得 STFT 如图 3.5(b) 所示，这时，在时间上实现了两个时间中心的定位，但频率分辨率降低了。

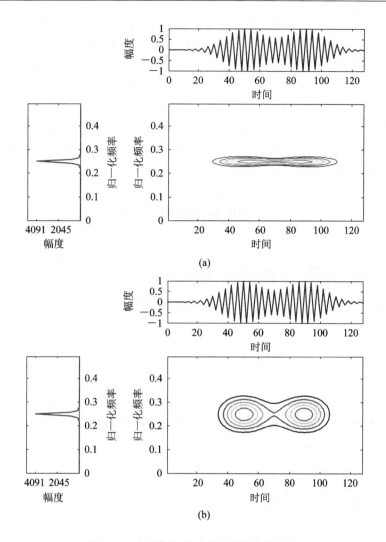

图 3.5 窗函数宽度对时频分辨率的影响

(a) 窗函数宽度为 55 时的 STFT；(b) 窗函数宽度为 13 时的 STFT

以上几例说明了窗函数宽度的选择对时间和频率分辨率的影响。总之，由于受不确定性原理的制约，对时间分辨率和频率分辨率只能折中选择，一个提高了，另一个就必然要降低，反之亦然。

对式(3.12)两边取幅度的平方，有

$$\text{SPEC}_x(t, \Omega) = |\text{STFT}_x(t, \Omega)|^2 = \left| \int x(\tau) g^*(\tau - t) e^{-j\Omega\tau} d\tau \right|^2 \tag{3.21}$$

式中，$\text{SPEC}_x(t, \Omega)$ 称为信号 $x(t)$ 的谱图(Spectrogram)。显然，谱图是实的、恒正的。由于 $\|g(\tau)\| = 1$，因此，由式(3.21)可得

$$\iint \text{SPEC}_x(t, \Omega) dt d\Omega = E_x \tag{3.22}$$

即谱图是信号能量的时频分布。

STFT 和谱图有如下性质：

(1) 若 $y(t) = x(t) e^{j\Omega_0 t}$，则

$$\text{STFT}_y(t, \Omega) = \text{STFT}_x(t, \Omega - \Omega_0) \tag{3.23a}$$

$$\text{SPEC}_y(t, \Omega) = \text{SPEC}_x(t, \Omega - \Omega_0) \tag{3.23b}$$

（2）若 $y(t) = x(t - t_0)$，则

$$\text{STFT}_y(t, \Omega) = \text{STFT}_x(t - t_0, \Omega) e^{j\Omega t_0} \tag{3.24a}$$

$$\text{SPEC}_y(t, \Omega) = \text{SPEC}_x(t - t_0, \Omega) \tag{3.24b}$$

观察式（3.12）可以发现，$\text{STFT}_x(t, \Omega)$ 是 $x(t)$ 的线性函数，故称为线性时频分布，而在式（3.21）的积分号中，信号 $x(t)$ 将会出现两次相乘，因此，式（3.21）定义的谱图称为信号的双线性或二次型时频分布，它是一种能量的时频分布。

## 3.3　模糊函数与 WVD

### 3.3.1　模糊函数与 WVD 的定义及性质

3.3.1

令信号 $x(t)$ 的时移信号为 $x_\tau(t) = x(t + \tau)$，则时域自相关函数为

$$r_{xx}(\tau) = \langle x_\tau, x \rangle = \int_{-\infty}^{\infty} x^*(t) x(t + \tau) \mathrm{d}t$$

用对称形式表示的时域自相关函数为

$$r_{xx}(\tau) = \int_{-\infty}^{\infty} x\left(t + \frac{\tau}{2}\right) x^*\left(t - \frac{\tau}{2}\right) \mathrm{d}t$$

在平稳信号分析中，由于时域自相关函数和频域能量谱密度 $S_{xx}(f) = |X(f)|^2$ 构成傅里叶变换关系，因此自相关函数还可以写成

$$r_{xx}(\tau) = \int_{-\infty}^{\infty} S_{xx}(f) \exp(j2\pi f\tau) \mathrm{d}f \tag{3.25}$$

同样，令信号 $x(t)$ 的频移信号为 $x_\nu(t) = \exp(j2\pi\nu t) x(t)$，则频域自相关函数为

$$\rho_{xx}(\nu) = \langle x_\nu, x \rangle = \int_{-\infty}^{\infty} x^*(t) x(t) \exp(j2\pi\nu t) \mathrm{d}t$$

或写为

$$\rho_{xx}(\nu) = \int_{-\infty}^{\infty} X(f) X^*(f + \nu) \mathrm{d}f$$

由于频域自相关函数与时域的瞬时功率 $s_{xx}(t) = |x(t)|^2$ 构成傅里叶变换关系，因此自相关函数还可以写成

$$\rho_{xx}(\nu) = \int_{-\infty}^{\infty} s_{xx}(t) \exp(j2\pi\nu t) \mathrm{d}t \tag{3.26}$$

如果同时考虑信号的时移和频移，即令

$$\begin{cases} x_{-\frac{\tau}{2}, -\frac{\nu}{2}}(t) = x\left(t - \frac{\tau}{2}\right) \exp\left(-j2\pi\frac{\nu}{2}t\right) \\ x_{\frac{\tau}{2}, \frac{\nu}{2}}(t) = x\left(t + \frac{\tau}{2}\right) \exp\left(j2\pi\frac{\nu}{2}t\right) \end{cases} \tag{3.27}$$

则由式（3.27）表示的两个信号的相关函数称为时频自相关函数，也称为模糊函数（Ambiguity Function，AF），即

$$\mathrm{AF}_{xx}(\tau, \nu) = \langle x_{\frac{\tau}{2}, \frac{\nu}{2}}, x_{-\frac{\tau}{2}, -\frac{\nu}{2}} \rangle = \int_{-\infty}^{\infty} x^* \left( t - \frac{\tau}{2} \right) x \left( t + \frac{\tau}{2} \right) \exp(\mathrm{j}2\pi\nu t) \mathrm{d}t \quad (3.28)$$

利用 Parseval 关系，式(3.28)还可以表示为

$$\mathrm{AF}_{xx}(\tau, \nu) = \int_{-\infty}^{\infty} X \left( f - \frac{\nu}{2} \right) X^* \left( f + \frac{\nu}{2} \right) \exp(\mathrm{j}2\pi f \tau) \mathrm{d}f \quad (3.29)$$

　　模糊函数表达了信号本身与其时移和频移信号之间的相关性，它最早用于雷达信号分析，当雷达把一般目标视为"点"时，回波信号和发射信号相同，只是产生不同的时延 $\tau$ 和不同的频偏 $\nu$（即多普勒频率）。令模糊函数中的 $\nu=0$，可以得到信号 $x(t)$ 的时域自相关函数；令模糊函数中的 $\tau=0$，可以得到频域自相关函数。即

$$r_{xx}(\tau) = \mathrm{AF}_{xx}(\tau, 0)$$
$$\rho_{xx}(\nu) = \mathrm{AF}_{xx}(0, \nu)$$

　　同平稳信号一样，非平稳信号的相关域表示与能量域表示也存在二维傅里叶变换关系。将式(3.25)和式(3.26)的自相关函数与能量谱密度互为傅里叶变换关系推广到时频域，对模糊函数进行二维傅里叶变换，就得到魏格纳-威利分布（WVD），即

$$\mathrm{WVD}_x(t, f) = \int_{-\infty}^{\infty} \int_{-\infty}^{\infty} \mathrm{AF}_{xx}(\tau, \nu) \exp[-\mathrm{j}2\pi(\nu t + f\tau)] \mathrm{d}\nu \, \mathrm{d}\tau \quad (3.30)$$

由瞬时功率 $s_{xx}(t)$ 和谱密度函数 $S_{xx}(f)$ 的物理意义可知，WVD 表示信号的能量同时随时间和频率的分布情况。

　　对模糊函数进行二维傅里叶变换，等价于分别对变量 $\tau$ 和变量 $\nu$ 相继进行两个一维傅里叶变换。模糊函数关于变量 $\nu$ 的傅里叶变换所产生的瞬时相关函数为

$$k_{xx}(t, \tau) = \int_{-\infty}^{\infty} \mathrm{AF}_{xx}(\tau, \nu) \exp(-\mathrm{j}2\pi\nu t) \mathrm{d}\nu$$
$$= x^* \left( t - \frac{\tau}{2} \right) x \left( t + \frac{\tau}{2} \right) \quad (3.31)$$

模糊函数关于变量 $\tau$ 的傅里叶变换所产生的点谱相关函数为

$$K_{XX}(f, \nu) = \int_{-\infty}^{\infty} \mathrm{AF}_{xx}(\tau, \nu) \exp(-\mathrm{j}2\pi f\tau) \mathrm{d}\tau$$
$$= X^* \left( f - \frac{\nu}{2} \right) X \left( f + \frac{\nu}{2} \right) \quad (3.32)$$

由式(3.31)和式(3.32)可得 WVD 的另外两种表达形式分别为

$$\mathrm{WVD}_x(t, f) = \int_{-\infty}^{\infty} k_{xx}(t, \tau) \exp(-\mathrm{j}2\pi f\tau) \mathrm{d}\tau$$
$$= \int_{-\infty}^{\infty} x \left( t + \frac{\tau}{2} \right) x^* \left( t - \frac{\tau}{2} \right) \exp(-\mathrm{j}2\pi f\tau) \mathrm{d}\tau \quad (3.33)$$

和

$$\mathrm{WVD}_x(t, f) = \int_{-\infty}^{\infty} K_{XX}(f, \nu) \exp(-\mathrm{j}2\pi\nu t) \mathrm{d}\nu$$
$$= \int_{-\infty}^{\infty} X \left( f + \frac{\nu}{2} \right) X^* \left( f - \frac{\nu}{2} \right) \exp(-\mathrm{j}2\pi\nu t) \mathrm{d}\nu \quad (3.34)$$

　　WVD 反映了信号的能量在时频平面的分布情况。作为能量型的时频分布，WVD 还满足其他一些数学性质。鉴于 WVD 和模糊函数是信号的两种不同性质的时频表示，且两者为二维傅里叶变换关系，作为对比，表 3.1 同时给出了 WVD 和模糊函数的数学性质。

### 表 3.1　WVD 和模糊函数的数学性质

| 性　质 | $\mathrm{WVD}_x(t,f)$ | $\mathrm{AF}_{xx}(\tau,\nu)$ |
|---|---|---|
| 实值性 | $\mathrm{WVD}_x^*(t,f)=\mathrm{WVD}_x(t,f)$ | $\mathrm{AF}_{xx}^*(\tau,\nu)=\mathrm{AF}_{xx}(\tau,\nu)$ |
| 时移不变 | $\tilde{x}(t)=x(t-t_0)\Rightarrow$ <br> $\mathrm{WVD}_{\tilde{x}}(t,f)=\mathrm{WVD}_x(t-t_0,f)$ | $\tilde{x}(t)=x(t-t_0)\Rightarrow$ <br> $\mathrm{AF}_{\tilde{x}\tilde{x}}(\tau,\nu)=\mathrm{AF}_{xx}(\tau,\nu)\mathrm{e}^{\mathrm{j}2\pi t_0\nu}$ |
| 频移不变 | $\tilde{x}(t)=x(t)\mathrm{e}^{\mathrm{j}2\pi f_0 t}\Rightarrow$ <br> $\mathrm{WVD}_{\tilde{x}}(t,f)=\mathrm{WVD}_x(t,f-f_0)$ | $\tilde{x}(t)=x(t)\mathrm{e}^{\mathrm{j}2\pi f_0 t}\Rightarrow$ <br> $\mathrm{AF}_{\tilde{x}\tilde{x}}(\tau,\nu)=\mathrm{AF}_{xx}(\tau,\nu)\mathrm{e}^{\mathrm{j}2\pi f_0\tau}$ |
| 时间边缘 | $\int\mathrm{WVD}_x(t,f)\mathrm{d}f=\vert x(t)\vert^2$ | $\mathrm{AF}_{xx}(0,\nu)=\int X(f+\nu)X^*(f)\mathrm{d}f$ |
| 频率边缘 | $\int\mathrm{WVD}_x(t,f)\mathrm{d}t=\vert X(f)\vert^2$ | $\mathrm{AF}_{xx}(\tau,0)=\int x(t+\tau)x^*(t)\mathrm{d}t$ |
| 时间矩 | $\iint t^n\mathrm{WVD}_x(t,f)\mathrm{d}t\mathrm{d}f=\int t^n\vert x(t)\vert^2\mathrm{d}t$ | $\left(-\dfrac{1}{\mathrm{j}2\pi}\right)^n\left[\dfrac{\mathrm{d}^n}{\mathrm{d}\nu^n}\mathrm{AF}_{xx}(0,\nu)\right]_{\nu=0}=\int t^n\vert x(t)^2\vert\mathrm{d}t$ |
| 频率矩 | $\iint f^n\mathrm{WVD}_x(t,f)\mathrm{d}t\mathrm{d}f=\int f^n\vert X(f)\vert^2\mathrm{d}f$ | $\left(\dfrac{1}{\mathrm{j}2\pi}\right)^n\left[\dfrac{\mathrm{d}^n}{\mathrm{d}\tau^n}\mathrm{AF}_{xx}(\tau,0)\right]_{\tau=0}=\int f^n\vert X(f)^2\vert\mathrm{d}f$ |
| 时频伸缩 | $\tilde{x}(t)=\sqrt{\vert c\vert}x(ct)\Rightarrow$ <br> $\mathrm{WVD}_{\tilde{x}}(t,f)=\mathrm{WVD}_x\left(ct,\dfrac{f}{c}\right)$ | $\tilde{x}(t)=\sqrt{\vert c\vert}x(ct)\Rightarrow$ <br> $\mathrm{AF}_{\tilde{x}\tilde{x}}(\tau,\nu)=\mathrm{AF}_{xx}\left(c\tau,\dfrac{\nu}{c}\right)$ |
| 瞬时频率 | $f_{\mathrm{i}}(t)=\dfrac{\displaystyle\int f\,\mathrm{WVD}_x(t,f)\mathrm{d}f}{\displaystyle\int\mathrm{WVD}_x(t,f)\mathrm{d}f}$ <br> $=\dfrac{1}{2\pi}\dfrac{\mathrm{d}}{\mathrm{d}t}\arg[x(t)]$ | $f_{\mathrm{i}}(t)=\dfrac{1}{\mathrm{j}2\pi}\dfrac{\displaystyle\int\left[\dfrac{\partial}{\partial\tau}\mathrm{AF}_{xx}(\tau,\nu)\right]_{\tau=0}\mathrm{e}^{-\mathrm{j}2\pi ft}\mathrm{d}\nu}{\displaystyle\int\mathrm{AF}_{xx}(0,\nu)\mathrm{e}^{-\mathrm{j}2\pi\nu t}\mathrm{d}\nu}$ |
| 群延时 | $\tau_{\mathrm{g}}(f)=\dfrac{\displaystyle\int t\,\mathrm{WVD}_x(t,f)\mathrm{d}t}{\displaystyle\int\mathrm{WVD}_x(t,f)\mathrm{d}t}$ <br> $=\dfrac{1}{2\pi}\dfrac{\mathrm{d}}{\mathrm{d}f}\arg[X(f)]$ | $\tau_{\mathrm{g}}(f)=-\dfrac{1}{\mathrm{j}2\pi}\dfrac{\displaystyle\int\left[\dfrac{\partial}{\partial\nu}\mathrm{AF}_{xx}(\tau,\nu)\right]_{\nu=0}\mathrm{e}^{-\mathrm{j}2\pi ft}\mathrm{d}\nu}{\displaystyle\int\mathrm{AF}_{xx}(\tau,0)\mathrm{e}^{-\mathrm{j}2\pi ft}\mathrm{d}\tau}$ |
| 有限时间支撑 | $x(t)=0(t\notin[t_1,t_2])\Rightarrow$ <br> $\mathrm{WVD}_x(t,f)=0(t\notin[t_1,t_2])$ | $x(t)=0(t\notin[t_1,t_2])\Rightarrow$ <br> $\mathrm{AF}_{xx}(\tau,\nu)=0(\vert\tau\vert>t_2-t_1)$ |
| 有限频率支撑 | $X(f)=0(f\notin[f_1,f_2])\Rightarrow$ <br> $\mathrm{WVD}_x(t,f)=0(f\notin[f_1,f_2])$ | $X(f)=0(f\notin[f_1,f_2])\Rightarrow$ <br> $\mathrm{AF}_{xx}(\tau,\nu)=0(\vert f\vert>f_2-f_1)$ |
| 酉性 | $\langle\mathrm{WVD}_{x_1y_1},\mathrm{WVD}_{x_2y_2}\rangle=\langle x_1,x_2\rangle\langle y_1,y_2\rangle^*$ | $\langle\mathrm{AF}_{x_1y_1},\mathrm{AF}_{x_2y_2}\rangle=\langle x_1,x_2\rangle\langle y_1,y_2\rangle^*$ |
| 卷积 | $\tilde{x}(t)=\int x(t')h^*(t'-t)\mathrm{d}t'\Rightarrow$ <br> $\mathrm{WVD}_{\tilde{x}}(t,f)=\int\mathrm{WVD}_x(t',f)\mathrm{WVD}_h^*(t'-t,f)\mathrm{d}t'$ | $\tilde{x}(t)=\int x(t')h^*(t'-t)\mathrm{d}t'\Rightarrow$ <br> $\mathrm{AF}_{\tilde{x}\tilde{x}}(\tau,\nu)=\int\mathrm{AF}_{xx}(\tau',\nu)\mathrm{AF}_{hh}^*(\tau'-\tau,\nu)\mathrm{d}\tau'$ |

续表

| 性　质 | $\mathrm{WVD}_x(t, f)$ | $\mathrm{AF}_{xx}(\tau, \nu)$ |
|---|---|---|
| 乘积 | $\tilde{x}(t) = x(t)h(t) \Rightarrow$ <br> $\mathrm{WVD}_{\tilde{x}}(t,f) = \int \mathrm{WVD}_x(t,f')\mathrm{WVD}_h^*(t,f'-f)\mathrm{d}f'$ | $\tilde{x}(t) = x(t)h(t) \Rightarrow$ <br> $\mathrm{AF}_{\tilde{x}}(\tau, \nu) = \int \mathrm{AF}_x(\tau, \nu')\mathrm{AF}_h^*(\tau, \nu'-\nu)\mathrm{d}\nu'$ |
| 傅里叶<br>变换 | $\tilde{x}(t) = \sqrt{\lceil c \rceil} X(ct) \Rightarrow$ <br> $\mathrm{WVD}_{\tilde{x}}(t, f) = \mathrm{WVD}_x\left(-\dfrac{f}{c}, ct\right)$ | $\tilde{x}(t) = \sqrt{\lceil c \rceil} X(ct) \Rightarrow$ <br> $\mathrm{AF}_{\tilde{x}}(\tau, \nu) = \mathrm{AF}_x\left(-\dfrac{\nu}{c}, c\tau\right)$ |
| Chirp<br>卷积 | $\tilde{x}(t) = x(t) * \sqrt{\lceil c \rceil}\, \mathrm{e}^{\mathrm{j}2\pi\frac{c}{2}t^2} \Rightarrow$ <br> $\mathrm{WVD}_{\tilde{x}}(t, f) = \mathrm{WVD}_x\left(t-\dfrac{f}{c}, f\right)$ | $\tilde{x}(t) = x(t) * \sqrt{\lceil c \rceil}\, \mathrm{e}^{\mathrm{j}2\pi\frac{c}{2}t^2} \Rightarrow$ <br> $\mathrm{AF}_{\tilde{x}\tilde{x}}(\tau, \nu) = \mathrm{AF}_x\left(\tau-\dfrac{\nu}{c}, \nu\right)$ |
| Chirp<br>乘积 | $\tilde{x}(t) = x(t)\mathrm{e}^{\mathrm{j}2\pi\frac{c}{2}t^2} \Rightarrow$ <br> $\mathrm{WVD}_{\tilde{x}}(t, f) = \mathrm{WVD}_x(t, f-ct)$ | $\tilde{x}(t) = x(t)\mathrm{e}^{\mathrm{j}2\pi\frac{c}{2}t^2} \Rightarrow$ <br> $\mathrm{AF}_{\tilde{x}\tilde{x}}(\tau, \nu) = \mathrm{AF}_{xx}(\tau, \nu-c\tau)$ |

## 3.3.2　WVD 的交叉项分析

3.3.2

　　因为双线性变换不满足线性叠加原理，即多分量信号的 WVD 不等于单分量信号的 WVD 的线性叠加，而是满足二次叠加原理。若令 $x(t) = c_1 x_1(t) + c_2 x_2(t)$，则其 WVD 满足二次叠加原理：

$$\mathrm{WVD}_x(t, f) = |c_1|^2 \mathrm{WVD}_{x_1}(t, f) + |c_2|^2 \mathrm{WVD}_{x_2}(t, f)$$
$$+ c_1 c_2^* \mathrm{WVD}_{x_1 x_2}(t, f) + c_2 c_1^* \mathrm{WVD}_{x_2 x_1}(t, f) \tag{3.35}$$

式中：前两项代表信号的自时频分布，简称信号项；后两项是 $x_1(t)$ 和 $x_2(t)$ 的互时频分布，即交叉项，交叉项在多数情况下是有害的，故又称之为交叉干扰项。一般地，对于由 $M$ 个分量组成的信号，将包含 $M$ 个信号项及 $M(M-1)/2$ 个交叉项，交叉项的个数随信号分量的增加以二次函数的形式增加。由于实信号除正频分量外，还有负频分量，相当于一个两分量信号，因此，在时频分析中一般不用实信号而用其解析信号。

　　为了说明多分量信号的 WVD 的交叉项特点，以同一信号的时移、频移产生的两个信号为例，即

$$x(t) = \mathrm{e}^{\mathrm{j}2\pi(f_0 t + \frac{1}{2}mt^2)}, \ x_1(t) = x(t-t_1)\mathrm{e}^{\mathrm{j}2\pi f_1 t}, \ x_2(t) = x(t-t_2)\mathrm{e}^{\mathrm{j}2\pi f_2 t}$$

可以得到 $x_1(t)$ 和 $x_2(t)$ 之和的 WVD 的解析表示式为

$$\mathrm{WVD}_{x_1+x_2}(t, f) = 2\pi\delta[2\pi f - 2\pi(f_1 + f_0) - m(t-t_1)]$$
$$+ 2\pi\delta[2\pi f - 2\pi(f_2 + f_0) - m(t-t_2)]$$
$$+ 4\pi\delta[2\pi - 2\pi(f_0 + f_m) - m(t-t_m)]$$
$$\cdot \cos[2\pi f_d(t-t_m) - 2\pi t_d(f-f_m) + 2\pi f_d t_m]$$

式中：$t_m = (t_1+t_2)/2, \ f_m = (f_1+f_2)/2, \ t_d = t_1 - t_2, \ f_d = f_1 - f_2$。两个信号的 WVD 的交叉项位于两个信号的时间和频率的中点处，呈现振荡的形式，振荡的方向垂直于两个信号的连线，振荡的频率正比于两个信号的时间差与频率差，振荡的幅度是信号项的两倍，且振荡的频率

随两个信号在时频平面的距离的增加而增加。图 3.6 所示为三个时频原子的 WVD 时频分布,从中可以清晰地看出两两自项之间都存在交叉项。

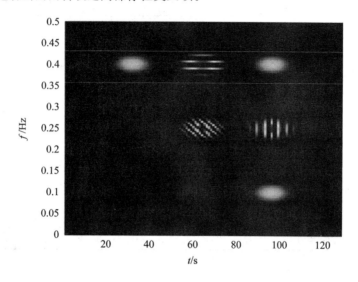

图 3.6　三个时频原子的 WVD 时频分布

对两个平行的 Chirp 信号,归一化的初始频率和终止频率分别为 (0.05,0.25) 和 (0.3,0.5),数据的采样点数为 128,其 WVD 的时频空间和时频平面表示如图 3.7(a)、(b) 所示。由于两个信号有相同的调频斜率,因此其信号项的 WVD 在时频平面是两条平行的直线,交叉项位于两条直线的中间,呈振荡形式。对于两个交叉的 Chirp 信号,一个 Chirp 的频率从 0.1 线性增加到 0.4,另一个从 0.5 线性减小到 0.1,其 WVD 的时频空间和时频平面表示如图 3.7(c)、(d) 所示。由图可知,除两个相互交叉的信号项外,还存在着严重的内交叉项,内交叉项仍然呈现振荡形式,振荡的幅度随信号分量间的距离增加而增加,且交叉项的位置出现在两个信号相互相交的四个部分里。对于四个 Chirp 信号,其初始频率和终止频率分别为 (0.05,0.25)、(0.3,0.5)、(0.5,0.1)、(0.05,0.4),它们在时频平面既平行又交叉,交叉项分布于其中,如图 3.7(e)、(f) 所示。从其时频分布图中,虽可勉强辨别出信号项和交叉项,但随着信号分量的增加,交叉项将变得更加严重,尤其当噪声存在时,信号将淹没在噪声和交叉项之中,从而无法正确识别信号项。

交叉项除模糊时频分辨率、降低时频分布的可读性外,还有以下几个危害:

(1) 作为能量分布,WVD 应该是恒正的,而多分量 Chirp 信号的 WVD 却出现了负值,振荡形式的交叉项违背了 WVD 的恒正特性,从而对 WVD 的物理意义的解释产生了困难。

(2) 时频分布的信号项产生于每个信号分量本身,它们与时频分布具有的有限信号支撑的物理性质是一致的,而交叉项的位置出现在原本不存在信号的地方,破坏了 WVD 的有限支撑区特性,这也与原信号的物理性质相矛盾。

(3) 实际信号往往呈现多分量性,并受到噪声的影响,信号很可能淹没在噪声和交叉项之中,从实际信号的时频分布中无法辨别出信号的本来特征,交叉项的存在阻碍了时频分析方法在实际中的应用。

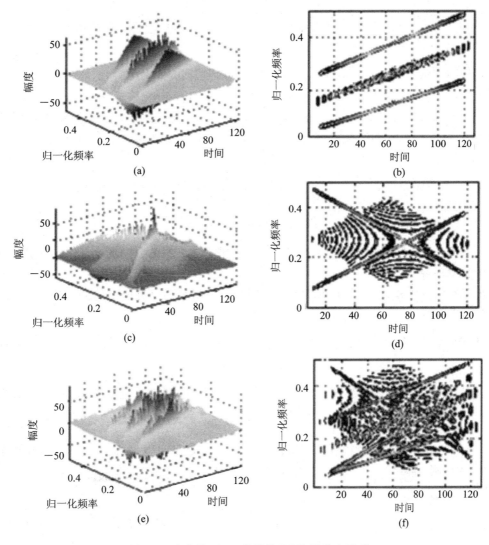

图 3.7　多分量 Chirp 信号的 WVD 及其交叉项

## 3.4　Cohen 类时频分布

3.4

　　无论是模糊函数 AF 还是 WVD，都是通过对瞬时相关函数或者点谱相关函数关于不同变量进行傅里叶变换得到的，而瞬时相关函数或者点谱相关函数分别是信号或其傅里叶变换的双线性函数，对于多分量信号或者具有复杂频率调制规律的信号，各分量之间的相互作用，产生交叉项是必然的。为了抑制 WVD 的交叉项，人们使用各种核函数对 WVD 的交叉项进行平滑抑制，从而产生了许多类似的时频能量分布。1966 年，科恩(Cohen)将各种双线性时频分布用统一的形式来表示。因此，这些双线性时频分布又称为 Cohen 类时频分布。

　　对于信号 $x(t)$，其 Cohen 类时频分布定义为

$$C_x(t, f) = \int_{-\infty}^{\infty} \int_{-\infty}^{\infty} \int_{-\infty}^{\infty} x\left(t + \frac{\tau}{2}\right) x^*\left(t - \frac{\tau}{2}\right) \varphi(\tau, \nu) \exp[-j2\pi(f\tau + \nu t - \nu u)] d\tau du d\nu$$

$$(3.36)$$

在统一表示的 Cohen 类时频分布中，不同的时频分布体现在不同的核函数 $\varphi(\tau, \nu)$ 上。不同的核函数会使时频聚集性和对交叉项的抑制程度各异。由式(3.36)可知，当核函数取 $\varphi(\tau, \nu) = 1$，即在整个模糊平面都不进行平滑时，Cohen 类时频分布就退化为 WVD；当核函数取 $\varphi(\tau, \nu) = h(\tau)$ 时，仅对变量 $\tau$ 加窗截取来减小交叉项，得到的是伪 WVD——PWVD，即

$$\begin{aligned} \text{PWVD}_x(t, f) &= \int_{-\infty}^{\infty} x\left(t + \frac{\tau}{2}\right) x^*\left(t - \frac{\tau}{2}\right) h(\tau) \exp(-j2\pi f\tau) d\tau \\ &= \text{WVD}_x(t, f) \overset{f}{*} H(f) \end{aligned}$$

$$(3.37)$$

这里，$\overset{f}{*}$ 表示对频率的卷积。显然，PWVD 只能平滑掉变量 $\tau$ 方向的交叉项，并且使 $\nu$ 方向上的分辨率降低。

如果在 $\tau$ 方向和 $\nu$ 方向同时加窗截取，则可以平滑掉两个方向上的交叉项，得到的是平滑的伪 WVD——SPWVD，即

$$\text{SPWVD}_x(t, f) = \int_{-\infty}^{\infty} \int_{-\infty}^{\infty} x\left(t - u + \frac{\tau}{2}\right) x^*\left(t - u - \frac{\tau}{2}\right) g(u) h(\tau) \exp(-j2\pi f\tau) d\tau du$$

$$(3.38)$$

如果直接对 WVD 在时频两个方向进行滤波，则得到的是平滑的 WVD——SWVD，即

$$\text{SWVD}_x(t, f) = \text{WVD}_x \overset{t}{*} \overset{f}{*} G(t, f)$$

$$(3.39)$$

其中：$\overset{t}{*} \overset{f}{*}$ 表示对时间和频率的二维卷积；$G(t, f)$ 是平滑滤波器。可以将谱图看作是 SWVD 的特例，即

$$\begin{aligned} \text{SPEC}_x(t, f) &= |\text{STFT}_x(t, f)|^2 \\ &= \int_{-\infty}^{\infty} x(u) \gamma^*(u - t) \exp(-j2\pi fu) du \int_{-\infty}^{\infty} x^*(l) \gamma^*(l - t) \exp(j2\pi fl) dl \\ &= \text{WVD}_x(t, f) \overset{t}{*} \overset{f}{*} \text{WVD}_\gamma(-t, f) \end{aligned}$$

$$(3.40)$$

式中：$\text{WVD}_\gamma(-t, f)$ 是 STFT 中的窗函数 $\gamma(t)$ 的 WVD 的时间反转形式。

除以上几种分布外，Cohen 类时频分布还有许多成员，这些分布和所对应的核函数如表 3.2 所示。

**表 3.2　Cohen 类时频分布的主要成员及其核函数**

| 时频分布 | 核函数 $\varphi(\tau, \nu)$ |
|---|---|
| Born-Jordan 分布(BJD) | $\dfrac{\sin(\pi\tau\nu)}{\pi\tau\nu}$ |
| 减少交叉项分布(RID) | $S(\tau\nu)$ |
| Choi-Willians 分布(CWD) | $\exp\left[-\dfrac{(2\pi\tau\nu)^2}{\sigma}\right]$ |
| ZAM 核分布(ZAMD) | $g(\tau)\|\tau\|\dfrac{\sin(\pi\tau\nu)}{\pi\tau\nu}$ |

续表

| 时频分布 | 核函数 $\varphi(\tau, \nu)$ |
|---|---|
| Page 分布（PD） | $\exp(-\mathrm{j}\pi\lvert\tau\rvert\nu)$ |
| 广义 Wigner 分布（GWD） | $\exp(\mathrm{j}2\pi\alpha\tau\nu)$ |
| Levin 分布（LD） | $\exp(\mathrm{j}\pi\lvert\tau\rvert\nu)$ |
| Margenau-Hill 分布（MHD） | $\cos(\pi\tau\nu)$ |
| 组合核分布（CKD） | $\exp(-2\pi^2\tau^2\nu^2/\sigma^2)\cos(2\pi\beta\tau\nu)$ |
| Rihaczek 分布（RD） | $\exp(\mathrm{j}\pi\tau\nu)$ |
| 广义指数分布（GED） | $\exp(-\lvert\tau\rvert^q\lvert\nu\rvert^p/\sigma)$ |
| 多形式可倾斜指数分布（MTED） | $\exp\left\{-\pi\left[\left(\dfrac{\tau}{\tau_0}\right)^2\left(\dfrac{\nu}{\nu_0}\right)^{2a}+\left(\dfrac{\tau}{\tau_0}\right)^{2a}\left(\dfrac{\nu}{\nu_0}\right)^2+2\gamma\left(\dfrac{\tau}{\tau_0}\dfrac{\nu}{\nu_0}\right)^{\beta\gamma}\right]^{2\lambda}\right\}$ |
| Bessel Kernel 分布（BKD） | $\dfrac{\mathrm{J}_1(2\pi\alpha\tau\nu)}{\pi\alpha\tau\nu}$ |
| Butterworth 核分布（BUD） | $\dfrac{1}{1+\left(\dfrac{\tau}{\tau_0}\right)^{2M}\left(\dfrac{\nu}{\nu_0}\right)^{2N}}$ |
| 可倾斜的高斯核分布（TGD） | $\exp\left\{-\pi\left[\left(\dfrac{\tau}{\tau_0}\right)^2+\left(\dfrac{\nu}{\nu_0}\right)^2+2\gamma\left(\dfrac{\tau}{\tau_0}\dfrac{\nu}{\nu_0}\right)\right]\right\}$ |

3.5

## 3.5　自适应时频分布

　　信号分析的一个重要手段就是将复杂信号分解为简单的基本信号的线性组合，通过分析这些基本信号的特性来达到分析复杂信号的目的。基函数的选择对分析信号的性能至关重要。傅里叶变换以复指数函数为基信号，不能表示信号的时间局部性，只适合分析平稳信号；STFT 和 Gabor 扩展采用固定形状、固定窗长的窗函数，时间分辨率和频率分辨率不能同时得到优化；WVD 的时频聚集性最高，但存在严重的交叉性干扰。

　　为了刻画非平稳信号的局部时频结构，信号分解已经超出基的范畴，可采用具有较好局部性的时频原子构成的过完备字典代替基函数的集合。信号的自适应分解就是用从字典中取出的与信号的局部时频结构最相近的一些时频原子来表示信号。匹配追踪算法提供了时频原子分解的统一框架。

　　设 $H$ 代表希尔伯特空间，$\{\boldsymbol{g}_\gamma\}_{\lambda\in\Gamma}\in D$ 是 $H$ 中的一个向量集合，其中 $\Gamma$ 是指标集，并且 $D$ 中的各向量都具有单位能量，即 $\lVert\boldsymbol{g}_\gamma\rVert=1$，令 $V$ 是由 $D$ 中的元素所张成的一个线性闭子空间，即 $V=\mathrm{Span}(D)$，且 $D$ 中向量的有限的线性扩展在 $V$ 中是稠密的，则当且仅当 $V=H$ 时，$D$ 是完备的。

　　对于任意函数 $x(t)\in H$，可以由它在 $D$ 中元素上的正交投影来近似表示，即

$$\boldsymbol{x}(t)=\langle\boldsymbol{x}(t),\boldsymbol{g}_\gamma(t)\rangle\boldsymbol{g}_\gamma(t)+R\boldsymbol{x}(t) \tag{3.41}$$

其中：$\langle\boldsymbol{x}(t),\boldsymbol{g}_\gamma(t)\rangle\boldsymbol{g}_\gamma(t)$ 表示 $\boldsymbol{x}(t)$ 在 $\boldsymbol{g}_\gamma(t)$ 方向上的正交投影；$R\boldsymbol{x}(t)$ 表示投影后 $\boldsymbol{x}(t)$ 的残

余量。显然，$R\boldsymbol{x}(t)$与$\boldsymbol{g}_\gamma(t)$正交，记为$R\boldsymbol{x}(t)\perp\boldsymbol{g}_\gamma(t)$。又因为$\|\boldsymbol{g}_\gamma(t)\|=1$，从而有

$$\|\boldsymbol{x}(t)\|^2=|\langle\boldsymbol{x}(t),\boldsymbol{g}_\gamma(t)\rangle|^2+\|R\boldsymbol{x}(t)\|^2 \tag{3.42}$$

对$R\boldsymbol{x}(t)$可进行同样的分解，如此反复，对于基序列$\{\boldsymbol{g}_{\gamma_n}(t)\}_{n=0,\cdots,N-1}$可分解得

$$\boldsymbol{x}(t)=\sum_{n=0}^{N-1}\langle R^n\boldsymbol{x}(t),\boldsymbol{g}_{\gamma_n}(t)\rangle\boldsymbol{g}_{\gamma_n}(t)+R^N\boldsymbol{x}(t) \tag{3.43}$$

这里$R^0\boldsymbol{x}(t)=\boldsymbol{x}(t)$。这样，就将信号$\boldsymbol{x}(t)$分解为对基向量$\boldsymbol{g}_{\gamma_n}(t)$的投影与残余的组合。虽然各个向量$\boldsymbol{g}_{\gamma_n}(t)$之间不一定是正交的，但因为分解采用的是正交投影，所以确保了所得到的投影序列的能量可类似正交分解那样简单叠加，则进一步有能量守恒关系：

$$\|\boldsymbol{x}(t)\|^2=|\langle R^0\boldsymbol{x}(t),\boldsymbol{g}_{\gamma_0}(t)\rangle|^2+\|R^1\boldsymbol{x}(t)\|^2$$

$$=\sum_{n=0}^{N-1}|\langle R^n\boldsymbol{x}(t),\boldsymbol{g}_{\gamma_n}(t)\rangle|^2+\|R^N\boldsymbol{x}(t)\|^2 \tag{3.44}$$

由式(3.44)可见，为了用最少的向量来表示信号$\boldsymbol{x}(t)$，在每一步分解中，都必须选择$\boldsymbol{g}_{\gamma_n}(t)$使得$|\langle R^n\boldsymbol{x}(t),\boldsymbol{g}_{\gamma_n}(t)\rangle|$最大，从而使得残余$R^n\boldsymbol{x}(t)$最小，可以想象，这样所形成的向量$\boldsymbol{g}_{\gamma_n}(t)$的集合是最小的。

为了考察$R^n\boldsymbol{x}(t)$的衰减速度，定义残余向量$R^n\boldsymbol{x}(t)$和基向量$\boldsymbol{g}_{\gamma_n}(t)$之间的夹角为$\theta_n$。由图3.8所示的正交投影原理可知，$\theta_n$满足如下关系：

$$\cos\theta_n=\frac{|\langle R^n\boldsymbol{x}(t),\boldsymbol{g}_{\gamma_n}(t)\rangle|\cdot\|\boldsymbol{g}_{\gamma_n}(t)\|}{\|R^n\boldsymbol{x}(t)\|}=\frac{|\langle R^n\boldsymbol{x}(t),\boldsymbol{g}_{\gamma_n}(t)\rangle|}{\|R^n\boldsymbol{x}(t)\|}$$

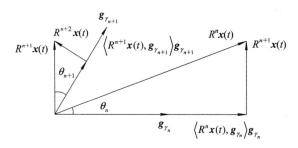

图3.8　匹配追踪算法的正交投影原理示意图

而分解过程残余的能量可表示为

$$\|R^{n+1}\boldsymbol{x}(t)\|^2=\|R^n\boldsymbol{x}(t)\|^2-|\langle R^n\boldsymbol{x}(t),\boldsymbol{g}_{\gamma_n}(t)\rangle|$$

$$=\|R^n\boldsymbol{x}(t)\|^2-\|R^n\boldsymbol{x}(t)\|^2\cos^2\theta_n$$

$$=\|R^n\boldsymbol{x}(t)\|^2\sin^2\theta_n$$

$$=\|R^0\boldsymbol{x}(t)\|^2\prod_{i=0}^n\sin^2\theta_i \tag{3.45}$$

由于在每一步分解中都力求寻找与残余能量最匹配的基向量，即选择的基向量不可能与残余向量垂直，故

$$0\leqslant\sin^2\theta_i<1\qquad(i=0,1,\cdots,n)$$

令

$$\sin\theta_{\max}=\max(\sin\theta_i)<1 \tag{3.46}$$

则

$$0\leqslant|\sin\theta_{\max}|<1 \tag{3.47}$$

将式(3.46)和式(3.47)代入式(3.45)可得

$$\| R^n \boldsymbol{x}(t) \|^2 = \| \boldsymbol{x}(t) \|^2 \prod_{i=0}^{n-1} \sin^2 \theta_i \leqslant \| \boldsymbol{x}(t) \|^2 |\sin\theta_{\max}|^n \tag{3.48}$$

式(3.48)说明残余的能量呈指数衰减,同时也说明了这种分解方法的收敛性。

以上证明说明,对于任意信号 $\boldsymbol{x}(t) \in L^2(\mathbf{R})$,由式(3.43)和式(3.44)确定的分解方法所得到的能量残余序列 $\{R^n \boldsymbol{x}(t)\}_{n=0,1,\cdots,\infty}$ 满足 $\lim_{n\to\infty} \| R^n \boldsymbol{x}(t) \| = 0$,即 $R^n \boldsymbol{x}(t)$ 是柯西序列。因此,当 $N \to \infty$ 时,有

$$\boldsymbol{x}(t) = \sum_{n=0}^{\infty} \langle R^n \boldsymbol{x}(t), \boldsymbol{g}_{\gamma_n}(t) \rangle \boldsymbol{g}_{\gamma_n}(t) \tag{3.49}$$

式(3.49)说明当 $N \to \infty$ 时,残余量 $R^n \boldsymbol{x}(t)$ 趋于零,迭代过程收敛。因此 $H$ 空间的任意函数都可以按式(3.49)扩展到 $H$ 空间的一组完备的向量上,分解系数由残余向量和基向量的内积给出,分解过程是一个收敛的迭代过程,且保持能量守恒。即

$$\| \boldsymbol{x}(t) \|^2 = \sum_{n=0}^{\infty} |\langle R^n \boldsymbol{x}(t), \boldsymbol{g}_{\gamma_n}(t) \rangle|^2 \tag{3.50}$$

为了用最少的向量来表示 $\boldsymbol{x}(t)$,从而得到信号的紧凑表示,在每一步分解过程中,匹配追踪算法都选择 $\boldsymbol{g}_{\gamma_n}(t)$,使得 $|\langle R^n \boldsymbol{x}(t), \boldsymbol{g}_{\gamma_n}(t) \rangle|$ 最大,也就是使残余 $R^{n+1} \boldsymbol{x}(t)$ 最小,则最佳的时频原子为

$$\boldsymbol{g}_{\gamma_n}(t) = \arg\max_{\gamma \in \Gamma} |\langle R^n \boldsymbol{x}(t), \boldsymbol{g}_{\gamma}(t) \rangle| \tag{3.51}$$

时频原子的选择是 MP 信号稀疏分解的关键。自适应信号分解中比较常用的是 Gabor 原子。因为 Gabor 原子在时频平面上具有很小的时频积,可以达到时频局部化的目的,所以利用 Gabor 原子分解信号时可以准确刻画信号的时频细节特征。Gabor 基函数是将归一化高斯窗 $g(t) = (1/\pi^{\frac{1}{4}}) e^{-t^2/2}$ 经过时移、尺度变化、频率调制得到的。Gabor 原子可以表示为

$$g_{\gamma}(t) = \frac{1}{\sqrt{s}} g\left(\frac{t-u}{s}\right) e^{j\epsilon t} \tag{3.52}$$

虽然 Gabor 基函数在时频面上具有最小的时频积,但它是平稳的时频表示。然而许多信号在时频平面的分布实际上是非平稳的,如果采用 Gabor 原子进行分解,则需要多个 Gabor 原子的组合才能逼近非平稳信号的动态频谱特性。

为了解决 Gabor 基函数在描述信号非平稳时频结构信号时的缺陷,引入了 Chirp 原子。Chirp 基函数是 Gabor 基函数的扩展,其表达式如下:

$$g_{\gamma}(t) = \frac{1}{\sqrt{s}} g\left(\frac{t-u}{s}\right) \exp\left\{ j\left[ \epsilon(t-u) + \frac{c}{2}(t-u)^2 \right] \right\} \tag{3.53}$$

其中:$\gamma = (s, u, \epsilon, c)$;$u$ 为时移参数;$s$ 为尺度伸缩参数;$\epsilon$ 为频移参数;$c$ 为线性调频斜率。可以看到 Chirp 基函数相比于 Gabor 基函数多了一个线性调频斜率参数,这个参数相当于将 Gabor 基函数在时频面上进行了旋转,使得 Chirp 基函数能够刻画具有非平稳时频结构的信号。由于时移参数 $u$、尺度伸缩参数 $s$ 和线性调频斜率 $c$ 的存在,使得 Chirp 基函数可以很灵活地表示各种不同时频结构的信号。理论上说,Chirp 模型可以满足刻画非平稳信号时频结构的要求。Gabor 原子与 Chirp 原子的时域波形及时频分布如图 3.9 所示。

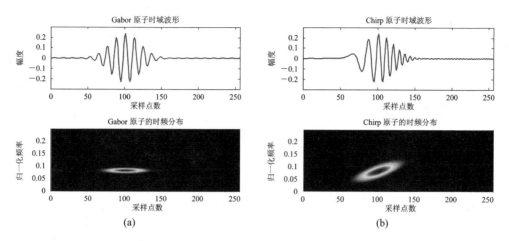

图 3.9　Gabor 原子与 Chirp 原子的时域波形及时频分布

(a) Gabor 原子；(b) Chirp 原子

自然界中的鸟鸣信号是典型的非平稳信号，可使用 MP 分解方法。图 3.10 所示为苍鹭和秃鹫鸟鸣信号的时域波形和通过稀疏分解得到的第一个 Gabor 原子。

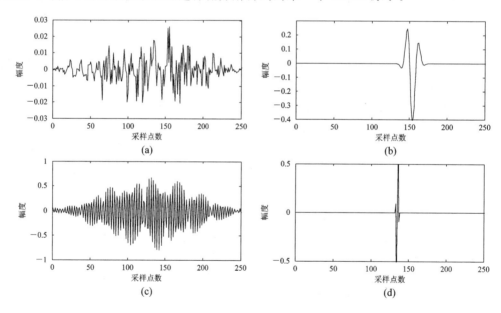

图 3.10　苍鹭和秃鹫鸟鸣信号的时域波形和通过稀疏分解得到的第一个 Gabor 原子

(a) 苍鹭信号的时域波形；(b) 苍鹭信号通过稀疏分解得到的第一个 Gabor 原子；

(c) 秃鹫信号的时域波形；(d) 秃鹫信号通过稀疏分解得到的第一个 Gabor 原子

各种鸟类的发声有其固定特点，反映在 Gabor 时频原子的参数上，除了频率参数 $v$ 与其自身频率范围相关而有所区别外，尺度参数 $s$ 同样体现了各种鸟类的发声特点。苍鹭的叫声相对低沉，不能发出婉转的鸣叫声，而苍鹭低沉的叫声使得 Gabor 时频原子的尺度参数 $s$ 略大一些；秃鹫的叫声则异常尖啸，而秃鹫尖啸的叫声使得尺度参数 $s$ 相对较小。

下面介绍基于 MP 分解的语音信号的去噪方法。语音信号中相邻原子是近似平行的，无论是在语谱图分析还是在 Chirp 模型时频表示法中都可以验证这一点，反映到原子参数上是相邻原子的线性调频斜率 $c$ 近似相等，且绝大部分都位于 $-10$ kHz/s～10 kHz/s 内。然而高斯白噪声则没有这个特点，其原子的线性调频斜率往往很大。因此，通过分解得到的 Chirp 原子的线性调频斜率可去除噪声原子。语音感知分析表明，人的听觉系统对语音时频成分进行聚类的依据之一是来自相同音源的子成分的开启和关闭时间大致相同。这个性质反映在 Chirp 原子上是语音信号原子的时移参数 $u$ 和尺度伸缩参数 $s$ 应该大致相同。

基于 MP 分解的语音信号的去噪方法在高信噪比的受高斯白噪声污染的含噪语音信号中有效。因为在低信噪比的情况下，噪声原子的能量往往可以大到湮没语音信号原子。另外，在有色噪声环境中，这种去噪方法没有效果。因为在有色噪声中，其原子的能量并非像高斯白噪声那样被"稀释"在时频面上。为了在低信噪比的高斯白噪声和有色噪声环境中利用 Chirp 模型进行语音增强，可根据语音信号本身固有的时频结构特点来对分解得到的 Chirp 原子进行选择。为了说明这个事实，下面分别对一段语音信号、一段工厂噪声和一段高斯白噪声做 Chirp 模型分解，分解次数均为 50 次，其参数如表 3.3 所示。

在表 3.3 中，按照尺度伸缩系数 $s$ 对分解得到的 Chirp 原子做了分类，除列出了时移参数 $u$ 外，还列出了频移参数 $\varepsilon$。从表 3.3 中可以看到，语音信号的 Chirp 原子的参数符合语音信号中各时频成分的开启/关闭时间大致相同的性质，工厂噪声和高斯白噪声的原子则出现了"跳动"现象，在时频面上表现为其没有一个连续的时频结构。由于物理发声原理不同，因此语音信号的能量大都聚集在较长的原子上，而噪声原子的能量则出现不连续性。可以看到，在高斯白噪声的 Chirp 时频原子中 80% 的原子的尺度参数都在 512 个采样值以下，而在工厂噪声原子中也是这样。

根据以上特性，针对低信噪比高斯白噪声和有色噪声环境，设计如下 Chirp 原子的重组规则：

（1）属于语音信号的 Chirp 原子的线性调频斜率 $c$ 应该在 $-10$ kHz/s～10 kHz/s 之间。

（2）属于语音信号的 Chirp 原子的频移参数 $\varepsilon$ 应该在 200 Hz～5000 Hz 之间。

（3）属于语音信号的 Chirp 原子的尺度伸缩参数 $s$ 的数值应该在 512 以上。

（4）属于语音信号的 Chirp 原子的时移参数 $u$ 和尺度伸缩参数 $s$ 应该近似相等。在实际的算法中，先将 Chirp 原子依据尺度伸缩参数 $s$ 进行分类，然后在此基础上将时移参数 $u$ 差距为 0.02 s 的原子归为属于语音信号的原子。

高斯白噪声信号的分解一致系数几乎不变，对 9 dB、3 dB 和 1 dB 的含噪语音信号分别进行 119、71、22 次 Chirp 分解后其分解一致系数也收敛于白噪声信号的分解一致系数。因为高斯白噪声的能量是均匀分布在时频面内的，所以其 Chirp 原子能量也是均匀的，故其分解一致系数近似为常数。而在语音信号中，原子的能量具有连续性，在高信噪比情况下，其能量远大于高斯白噪声的 Chirp 原子能量，这体现为分解一致系数大于高斯白噪声信号的分解一致系数。因为匹配追踪算法是依据原子能量的大小来选择 Chirp 原子的，随着分解次数的增加，含噪语音信号的残差中属于语音信号的原子数量进一步减少，于是分解一致系数表现出衰减现象，经过一定次数的分解，信号残差中的原子能量接近于高斯白噪声的原子能量，所以分解一致系数最终会收敛到高斯白噪声信号的分解一致系数。

由于在对 1 dB 的高斯白噪声含噪语音信号进行增强时只用了 22 个 Chirp 原子来重构，因此其时域波形相比原信号出现了明显的失真，如果增加分解次数用更多的原子来重构，则会混入高斯白噪声的原子。

**表 3.3　语音信号、工厂噪声和高斯白噪声进行 50 次分解得到的 Chirp 参数**

| 语音信号 | | | 工厂噪声 | | | 高斯白噪声 | | |
|---|---|---|---|---|---|---|---|---|
| s | u | ε | s | u | ε | s | u | ε |
| 4096 | 0.139 | 376.72 |  | 0.139 | 113.049 | 4096 | 0.0928 | 5281.01 |
|  | 0.139 | 1921.7 | 4096 | 0.139 | 95.1517 |  | 0.139 32 | 438.313 |
|  | 0.139 | 1883.6 |  | 0.139 | 816.995 | 2048 | 0.208 98 | 4565.52 |
|  | 0.139 | 2181.11 | 2048 | 0.046 | 30.3829 |  | 0.208 98 | 10 008.2 |
|  | 0.139 | 1962.9 |  | 0.046 | 111.443 |  | 0.046 439 9 | 6834.2 |
|  | 0.139 | 1841.8 |  | 0.162 | 19.0 | 1024 | 0.139 32 | 1723.66 |
|  | 0.139 | 123.81 |  | 0.092 | 93.029 |  | 0.208 98 | 7032.91 |
|  | 0.139 | 353.43 |  | 0.139 | 64.599 |  | 0.063 29 | 7943.37 |
|  | 0.139 | 2259.4 |  | 0.116 | 265.112 |  | 0.023 22 | 10 960.4 |
|  | 0.139 | 2023.0 |  | 0.069 | 268.23 |  | 0.046 439 9 | 8479.83 |
|  | 0.139 | 1800.8 |  | 0.020 | 413.28 |  | 0.102 322 | 8893.21 |
|  | 0.092 | 2196.3 |  | 0.042 | 354.77 | 512 | 0.2322 | 475.278 |
| 2048 | 0.185 | 331.207 |  | 0.046 | 75.834 |  | 0.133 | 10 294.2 |
|  | 0.162 | 231.57 | 1024 | 0.185 | 324.851 | 256 | 0.150 | 5450.2 |
|  | 0.162 | 356.026 |  | 0.068 | 169.310 |  | 0.043 | 8977.3 |
|  | 0.116 | 260.067 |  | 0.185 | 77.2369 |  | 0.008 | 9780.27 |
|  | 0.208 | 341.491 |  | 0.023 | 273.892 | 128 | 0.044 | 2928.520 |
|  | 0.139 | 498.337 |  | 0.220 | 43.0664 |  | 0.197 | 7751.95 |
|  | 0.162 | 453.409 |  | 0.116 | 43.0664 |  | 0.071 | 2773.81 |
|  | 0.116 | 2151.94 |  | 0.232 | 451.762 |  | 0.178 | 8956.77 |
|  | 0.116 | 2334.6 |  | 0.034 | 195.515 |  | 0.213 | 2527.5 |
| 1024 | 0.197 | 214.283 | 512 | 0.243 | 228.163 | 64 | 0.224 | 10 385.5 |
|  | 0.174 | 326.965 |  | 0.243 | 727.77 |  | 0.017 | 4451.73 |
|  | 0.139 | 243.589 |  | 0.0406 | 516.797 |  | 0.022 | 2157.91 |
|  | 0.162 | 236.568 |  | 0.017 | 687.595 |  | 0.182 | 7915.8 |
|  | 0.232 | 200.351 | 256 | 0.238 | 86.1328 |  | 0.217 | 7586.78 |
|  | 0.139 | 2077.64 |  | 0.142 | 272.332 |  | 0.211 | 5301.47 |
|  | 0.081 | 2902.28 |  | 0.148 | 629.755 |  | 0.026 | 8650.31 |
|  | 0.185 | 211.88 |  | 0.130 | 344.531 | 32 | 0.051 | 4523.28 |
|  | 0.174 | 2221.19 |  | 0.113 | 215.798 |  | 0.238 | 8850.48 |
| 512 | 0.116 | 521.755 | 128 | 0.226 | 172.266 |  | 0.255 | 3048.7 |
|  | 0.081 | 2476.38 |  | 0.252 | 172.266 |  | 0.170 | 1378.12 |
|  | 0.110 | 271.03 |  | 0.018 | 172.266 |  | 0.093 | 6401.17 |
|  | 0.087 | 2787.11 |  | 0.258 | 446.91 | 16 | 0.247 | 6890.62 |
| 256 | 0.075 | 2648.13 |  | 0.210 | 314.032 |  | 0.139 | 8286.75 |
|  | 0.159 | 2143.04 |  | 0.178 | 483.162 |  | 0.009 | 4953.31 |
|  | 0.055 | 2583.98 |  | 0.220 | 344.531 |  | 0.149 | 6890.62 |
|  | 0.119 | 2914.03 |  | 0.226 | 922.777 |  | 0.134 | 6890.62 |
| 128 | 0.110 | 2242.55 |  | 0.126 | 344.531 |  | 0.018 | 9646.88 |
|  | 0.031 | 2818.67 |  | 0.206 | 344.531 | 8 | 0.248 | 2756.25 |
|  | 0.094 | 2552.58 | 64 | 0.260 | 344.531 |  | 0.201 | 8268.75 |
|  | 0.059 | 531.793 |  | 0.103 | 1344.531 |  | 0.116 | 8268.75 |
|  | 0.071 | 2634.24 |  | 0.210 | 2244.531 |  | 0.197 | 5512.5 |
|  | 0.197 | 172.266 |  | 0.248 | 1016.19 |  | 0.257 | 5512.5 |
|  | 0.185 | 2060.94 |  | 0.166 | 1750.291 |  | 0.244 | 5512.5 |
| 64 | 0.058 | 2621.71 |  | 0.182 | 699.789 | 4 | 0.163 | 5512.5 |
|  | 0.064 | 2785.76 |  | 0.003 | 344.531 |  | 0.130 | 5512.5 |
|  | 0.060 | 2771.13 |  | 0.117 | 870.448 |  | 0.075 | 5512.5 |
|  | 0.102 | 2416.8 | 32 | 0.228 | 0 |  | 0.023 | 5512.5 |
|  | 0.063 | 2535.36 |  | 0.255 | 689.062 |  | 0.017 | 5512.5 |

当信噪比进一步降低到 0 dB 时，我们发现进行到 11 次分解后，分解一致系数就收敛到高斯白噪声的分解一致系数，这时仅用 11 个原子来重构语音信号会导致得到的语音信号在听觉效果上损失很大。为了对低信噪比的高斯白噪声含噪信号进行语音增强，可增加分解次数，然后对分解得到的原子进行甄选。图 3.11 是对 0 dB 的高斯白噪声含噪语音进行 100 次分解后的 Chirp 原子时频分布。

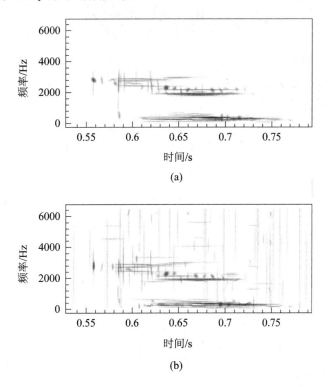

图 3.11　对 0 dB 的高斯白噪声含噪语音进行 100 次分解后的 Chirp 原子时频分布
（a）原语音信号的 Chirp 原子时频分布；（b）0 dB 的高斯白噪声含噪语音信号的 Chirp 原子时频分布

由图 3.11 可以看出，在对 0 dB 高斯白噪声含噪语音信号进行 100 次分解后得到的 Chirp 原子中，除了属于语音信号的原子外，还夹杂了属于高斯白噪声的原子。使用设计的重构规则对原子进行甄选，结果如图 3.12 所示。

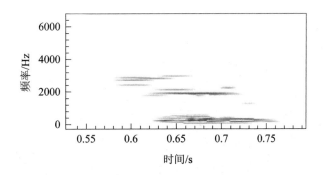

图 3.12　进行原子甄选后的 0 dB 高斯白噪声含噪语音信号的 Chirp 原子时频分布

　　对比图 3.12 可以看出,属于高斯白噪声的时频原子被滤除掉了,而大部分属于语音信号的原子被保留下来。尽管一些属于语音信号的原子也被滤除,导致重构的语音信号听起来有沉闷的感觉,但对重构语音信号的可懂度影响不大,因为重构语音信号中包含了原语音信号中重要的时频结构。

## 思　考　题

　　1. 如何理解短时傅里叶变换的窗效应?

　　2. 何谓 WVD 的交叉项? 如何进行抑制?

# 第 4 讲　连续小波变换

本讲首先介绍连续小波变换的定义，从时域和频域说明连续小波变换的物理意义；然后将小波变换与短时傅里叶变换进行比较，从时频网格和滤波器组进一步阐述小波变换的本质和特点；其次介绍连续小波变换的主要性质；最后通过小波反变换存在条件引入对小波函数的要求。

## 4.1　连续小波变换的定义与物理意义

4.1

若函数 $\psi(t)$ 满足 $\int_{-\infty}^{\infty} \psi(t)\mathrm{d}t = 0$，则称 $\psi(t)$ 为基本小波或母小波函数。只有在实轴上正负交替的函数 $\psi(t)$ 才满足均值为零的条件，所以，$\psi(t)$ 具有振荡性，在图形上呈现"波"的形状。

令 $\psi_{a,\tau}(t) = \dfrac{1}{\sqrt{a}}\psi\left(\dfrac{t-\tau}{a}\right)$ 是对基本小波 $\psi(t)$ 的位移与尺度伸缩，尺度参数 $a$ 使基本小波 $\psi(t)$ 作伸缩变化，$a$ 值愈大，$\psi\left(\dfrac{t}{a}\right)$ 的波形愈宽，而相应的频域 $\Psi(a\omega)$ 的带宽愈窄。其中：尺度参数 $a$ 间接代表频域特性，因为实际工程中尺度参数 $a<0$ 无实际意义，一般规定 $a>0$；参数 $\tau$ 反映时移特性，其值可正可负。这里幅度取 $\dfrac{1}{\sqrt{a}}$，是使不同的 $a$ 值下 $\psi_{a,\tau}(t)$ 的能量保持相等。幅度也可取 $\dfrac{1}{a}$，是使不同尺度下频谱的幅度大小一致。

设 $x(t)$ 是能量有限信号，即 $x(t)$ 是平方可积函数，记作 $x(t) \in L^2(\mathbf{R})$，则积分形式的小波变换定义为

$$\mathrm{WT}_x(a,\tau) = \langle x(t), \psi_{a,\tau}(t)\rangle = \frac{1}{\sqrt{a}}\int x(t)\psi^*\left(\frac{t-\tau}{a}\right)\mathrm{d}t \tag{4.1}$$

从式(4.1)可以看出，连续小波变换 $\mathrm{WT}_x(a,\tau)$ 代表被分析信号 $x(t)$ 与尺度伸缩和位移的小波 $\psi_{a,\tau}(t)$ 两者之间的相似程度。这里，不仅时间变量 $t$ 是连续的，而且尺度参数 $a$ 和位移参数 $\tau$ 也都是连续的，故称式(4.1)为连续小波变换(Continuous Wavelet Transform，CWT)。CWT 将一维信号 $x(t)$ 等距映射到二维 $(a,\tau)$ 时频平面上。

根据内积与卷积两种运算关系：

内积：　　　$\langle x(t), \psi(t-\tau)\rangle = \int x(t)\psi^*(t-\tau)\mathrm{d}t$

卷积：　　　$x(t) * \psi^*(t) = \int x(\tau)\psi^*(t-\tau)\mathrm{d}\tau = \int x(t)\psi^*(\tau-t)\mathrm{d}t$

式(4.1)的内积也可用卷积替代。

若 $\psi(t-\tau)=\psi(\tau-t)=\psi[-(t-\tau)]$，$\psi(t)$ 可首尾对调，即 $\psi(t)$ 关于 $t=0$ 对称，则可用卷积形式替代内积形式。卷积形式的连续小波变换定义为

$$\mathrm{WT}_x(a,\tau)=\frac{1}{a}\int x(t)\psi\left(\frac{t-\tau}{a}\right)\mathrm{d}t \tag{4.2}$$

为了从频域说明小波变换的物理意义，根据傅里叶变换的卷积定理，有

$$\frac{1}{\sqrt{a}}x(t)*\psi\left(-\frac{t}{a}\right)\Longleftrightarrow\sqrt{a}X(\omega)\Psi^*(a\omega)$$

由此可见，信号 $x(t)$ 的连续小波变换相当于信号 $x(t)$ 通过一个线性时不变系统的输出，这个系统的脉冲响应为 $h(t)=\frac{1}{\sqrt{a}}\psi\left(-\frac{t}{a}\right)$，或者该系统的频率特性为 $H(\omega)=\sqrt{a}\Psi^*(a\omega)$。

与式(4.1)等效的连续小波变换的频域定义为

$$\mathrm{WT}_x(a,\tau)=\frac{\sqrt{a}}{2\pi}\int X(\omega)\Psi^*(a\omega)\mathrm{e}^{\mathrm{j}\omega\tau}\mathrm{d}\omega \tag{4.3}$$

由 $\int_{-\infty}^{\infty}\psi(t)\mathrm{d}t=0$ 可知 $\Psi(\omega)|_{\omega=0}=0$，基本小波 $\psi(t)$ 的频谱局限在一个有限的频带内，即 $\Psi(\omega)$ 是幅频特性比较集中的带通函数，这样才使小波变换具有表征待分析信号 $X(\omega)$ 频域局部性质的能力，并且小波函数的带通宽度随尺度参数 $a$ 的变化而变化。令 $\omega_0$ 为中心频率，$B$ 为带宽，定义品质因数为 $Q=\frac{\omega_0}{B}=\frac{\omega_0/a}{B/a}$，所以，尽管各 $\Psi(a\omega)$ 的中心频率和带宽不同，但其品质因数不变。图4.1表示在不同 $a$ 值下小波变换的频率分析范围。

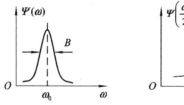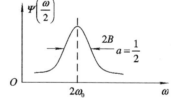

图4.1　小波函数的恒 $Q$ 特性

从频域上看，用不同尺度的小波函数进行小波变换，相当于用一组具有恒 $Q$ 特性的带通滤波器对信号进行分解或检测。通过以上分析可以看出，连续小波变换的物理意义可概括如下：

(1) 信号 $x(t)$ 的连续小波变换就是用一系列带通滤波器对信号 $x(t)$ 滤波后的输出，$\mathrm{WT}_x(a,\tau)$ 中的 $a$ 反映了带通滤波器的带宽和中心频率，而尺度因子 $a$ 的变化形成的一系列带通滤波器都是等 $Q$ 滤波器，$\tau$ 则为滤波器输出的时间参数。

(2) 尺度因子 $a$ 变化，带通滤波器的带宽和中心频率也变化。当尺度因子 $a$ 较小时，滤波器的中心频率大，带宽也宽；反之，当尺度因子 $a$ 较大时，滤波器的中心频率小，带宽也窄。信号 $x(t)$ 通过这样的带通滤波器滤波，对分析信号的局部特征十分有利。信号变化缓慢的部分主要为低频成分，频率范围比较窄，此时，小波变换的带通滤波相当于尺度因子 $a$ 较大时；反之，信号发生突变的部分主要是高频成分，频率范围比较宽，小波变换对应于尺度因子 $a$ 较小时。因此，尺度因子 $a$ 由大到小变化，滤波的范围也从低频到高频变化，这就是小波变换的变焦距特性。

综上所述，从定义上看，信号 $x(t)$ 的连续小波变换 $\mathrm{WT}_x(a,\tau)$ 是一种数学积分形式的

变换；从系统响应的角度来看，连续小波变换实质上是信号 $x(t)$ 通过带通滤波器滤波后的输出；从频谱分析角度来看，连续小波变换是将信号分解到一系列选择性相同的频带上。

## 4.2　小波变换与短时傅里叶变换的对比分析

4.2

小波变换和短时傅里叶变换都是时频分析方法，为了说明它们作局部时频分析的能力不同，以下从时频分析单元和滤波器组两方面分析两者的异同。

以 Morlet 小波为例，令 $\varphi(t)=\mathrm{e}^{-\frac{t^2}{T}}\mathrm{e}^{\mathrm{j}\omega_0 t}$，对应的频谱为 $\Psi(\omega)=\sqrt{\dfrac{\pi}{T}}\,\mathrm{e}^{-\frac{T}{4}(\omega-\omega_0)^2}$，分别画出 $a=\dfrac{1}{2}$、$a=1$、$a=2$ 时 $\varphi\left(\dfrac{t}{a}\right)$ 对应的 $\varphi\left(\dfrac{t}{2}\right)$、$\varphi(t)$、$\varphi(2t)$ 的时域波形、频谱函数以及对应的时频分析网格，如图 4.2 所示。

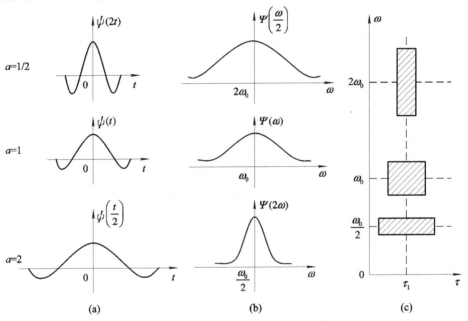

图 4.2　不同尺度下小波函数的时域波形、频谱函数、时频分析网格
（a）时域波形；（b）频谱函数；（c）时频分析网格

从图 4.2 中可以看出，小波变换在时频平面上的基本分析单元具有如下特点：

当 $a$ 值较小时，时域上的观察范围小，而频域上相当于用高分辨率分析高频信号，即用高频小波进行细致观察；当 $a$ 值较大时，时域上的观察范围大，相应地频域上用低频小波作概貌观察。小波数学显微镜的特点符合人类的视觉和听觉加工信息特性，即如果在时域上观察得愈细致，就要压缩观察范围，并提高分析频率。

由第 3 讲可知，短时傅里叶变换是对信号 $x(t)$ 施加一个滑动窗 $w(t-\tau)$ 后再进行傅里叶变换，即

$$\mathrm{STFT}_x(\omega,\tau)=\int x(t)w(t-\tau)\mathrm{e}^{-\mathrm{j}\omega t}\mathrm{d}t \tag{4.4}$$

这里，$\tau$ 反映滑动窗的位置。或者令 $g(t)=w(t-\tau)\mathrm{e}^{\mathrm{j}\omega t}$，则 STFT 的定义也可表示为

$$\text{STFT}_x(\omega, \tau) = \langle x(t), g(t) \rangle = \int x(t) w(t - \tau) e^{-j\omega t} dt$$

一般窗函数取高斯函数，令 $g(t) = e^{-\frac{t^2}{T}} e^{j\omega_0 t}$，则 $G(\omega) = \sqrt{\frac{\pi}{T}} e^{-\frac{T}{4}(\omega - \omega_0)^2}$，它正是 Morlet 小波。当 $\omega_0$ 取不同值时，$g(t)$ 的包络不变，只是包络下的正弦频率改变，即时宽不变，带宽也不变，只是频率中心改变。图 4.3 给出了 $\omega_0$ 取不同值时的时域波形、频谱函数和对应的时频分析网格。由图 4.3 可知，STFT 基本分析网格在时频平面的不同位置，其时频分析网格的形状保持不变。所以，STFT 既不具有分析频率降低时视野自动放宽的特点，也不具有频率特性品质因数恒定的特点。

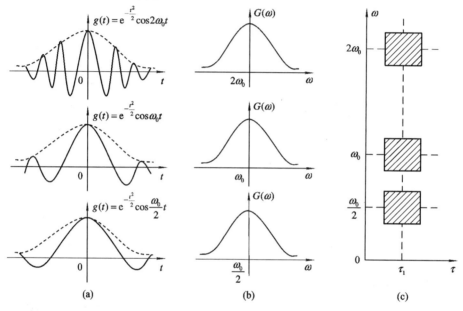

图 4.3　短时傅里叶变换窗函数的时域波形、频谱函数、时频分析网格
（a）时域波形；（b）频谱函数；（c）时频分析网格

下面从滤波器组角度作对比分析。图 4.4 分别画出了不同中心频率的短时傅里叶变换和小波变换的滤波器组的频率特性。由图 4.4 可见，短时傅里叶变换具有等带宽滤波器组特性，而小波变换具有等 $Q$ 滤波器组特性。

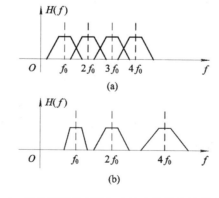

图 4.4　短时傅里叶变换与小波变换的滤波器组比较
（a）$\text{STFT}_x$ 等带宽滤波器组；（b）短时傅里叶变换与小波变换的滤波器组比较

　　小波变换可以看作是信号 $x(t)$ 通过一个滤波器组的输出，而滤波器的脉冲响应 $h(t)$ 等于小波函数 $\psi(t)$ 的镜像共轭 $\psi^*(-t)$，当滤波器的频带中心调高时，其带宽自动增大，反之，当滤波器的频带中心调低时，其带宽自动减小。这一特性正是分析非平稳信号所需要的。

　　总之，若将信号通过滤波器来解释，小波变换与短时傅里叶变换的不同之处在于：对短时傅里叶变换来说，带通滤波器的带宽与中心频率无关；相反，对于小波变换来说，带通滤波器的带宽正比于中心频率，即小波变换对应的滤波器有一个恒定的等 $Q$ 特性。

## 4.3　连续小波变换的性质

4.3

连续小波变换具有如下性质：

（1）线性。若 $x(t) \leftrightarrow \mathrm{WT}_x(a, \tau)$，$y(t) \leftrightarrow \mathrm{WT}_y(a, \tau)$，则

$$k_1 x(t) + k_2 y(t) \leftrightarrow k_1 \mathrm{WT}_x(a, \tau) + k_2 \mathrm{WT}_y(a, \tau)$$

连续小波变换是线性变换，满足叠加性。

（2）时移不变性。若 $x(t) \leftrightarrow \mathrm{WT}_x(a, \tau)$，则

$$x(t - t_0) \leftrightarrow \mathrm{WT}_x(a, \tau - t_0)$$

时移信号的小波变换对应于其小波变换的移位。

（3）伸缩共变性。若 $x(t) \leftrightarrow \mathrm{WT}_x(a, \tau)$，则

$$x\left(\frac{t}{\lambda}\right) \leftrightarrow \sqrt{\lambda}\, \mathrm{WT}_x\left(\frac{a}{\lambda}, \frac{\tau}{\lambda}\right) \qquad (\lambda > 0)$$

**证明**　令 $x'(t) = x\left(\dfrac{t}{\lambda}\right)$，则

$$\mathrm{WT}_{x'}(a, \tau) = \frac{1}{\sqrt{a}} \int x\left(\frac{t}{\lambda}\right) \psi^*\left(\frac{t - \tau}{a}\right) \mathrm{d}t$$

$$= \frac{\lambda}{\sqrt{a}} \int x(t') \psi^*\left(\frac{\lambda t' - \tau}{a}\right) \mathrm{d}t' \qquad \left(\text{令 } t' = \frac{t}{\lambda}\right)$$

$$= \frac{\lambda}{\sqrt{a}} \int x(t') \psi^*\left(\frac{t' - \tau/\lambda}{a/\lambda}\right) \mathrm{d}t' \qquad (\text{令 } \mathrm{d}t = \lambda \mathrm{d}t')$$

$$= \frac{\lambda}{\sqrt{\lambda}} \left[\frac{1}{\sqrt{\dfrac{a}{\lambda}}} \int x(t') \psi^*\left(\frac{t' - \tau/\lambda}{a/\lambda}\right)\right] \mathrm{d}t'$$

$$= \sqrt{\lambda}\, \mathrm{WT}_x\left(\frac{a}{\lambda}, \frac{\tau}{\lambda}\right)$$

　　该定理表明：当信号 $x(t)$ 作某一倍数伸缩时，其小波变换将在 $(a, \tau)$ 两轴上作同一比例的伸缩，但是不发生失真变形。这是使小波变换成为"数学显微镜"的重要依据。

　　（4）交叉项性质。由于 CWT 是线性变换，满足叠加性，因此不存在交叉项。但是由它引申出的能量分布函数 $|\mathrm{WT}_x(a, \tau)|^2$ 存在交叉项。设 $x(t) = x_1(t) + x_2(t)$，则

$$|\mathrm{WT}_x(a, \tau)|^2 = |\mathrm{WT}_{x_1}(a, \tau)|^2 + |\mathrm{WT}_{x_2}(a, \tau)|^2$$
$$+ 2|\mathrm{WT}_{x_1}(a, \tau)|\,|\mathrm{WT}_{x_2}(a, \tau)|\cos(\theta_{x_1} - \theta_{x_2})$$

式中，$\theta_{x_1}$、$\theta_{x_2}$ 分别是 $\mathrm{WT}_{x_1}(a,\tau)$、$\mathrm{WT}_{x_2}(a,\tau)$ 的幅角。小波变换的交叉项只出现在 $\mathrm{WT}_{x_1}$ 和 $\mathrm{WT}_{x_2}$ 同时不为零的 $(a,\tau)$ 处，即两者相互交叠区域，不像 WVD，即使两者不重叠，也会出现交叉项。

（5）小波变换的内积定理。以基本小波 $\psi(t)$ 分别对 $x_1(t)$、$x_2(t)$ 作小波变换。设 $x_1(t)$ 的 CWT 为 $\mathrm{WT}_{x_1}(a,\tau)=\langle x_1(t),\psi_{a,\tau}(t)\rangle$，$x_2(t)$ 的 CWT 为 $\mathrm{WT}_{x_2}(a,\tau)=\langle x_2(t),\psi_{a,\tau}(t)\rangle$，其中，$\psi_{a,\tau}(t)=\frac{1}{\sqrt{a}}\psi\left(\frac{t-\tau}{a}\right)$，则有

$$\langle \mathrm{WT}_{x_1}(a,\tau),\mathrm{WT}_{x_2}(a,\tau)\rangle = c_\psi\langle x_1(t),x_2(t)\rangle \tag{4.5}$$

式中，$c_\psi=\displaystyle\int_0^\infty \frac{|\psi(\omega)|^2}{\omega}\mathrm{d}\omega$（稍后讨论该式的意义）。式（4.5）更具体的形式如下：

$$\int_0^\infty \frac{\mathrm{d}a}{a^2}\int \langle x_1(t),\psi_{a,\tau}(t)\rangle \langle \psi_{a,\tau}(t),x_2(t)\rangle \mathrm{d}\tau = c_\psi\int x_1(t)x_2^*(t)\mathrm{d}t \tag{4.6}$$

（6）能量比例性。类似于巴塞瓦定理的关系，小波变换幅度平方的积分与信号的能量成正比，即

$$\int_0^\infty \frac{\mathrm{d}a}{a^2}\int_{-\infty}^\infty |\mathrm{WT}_x(a,\tau)|^2\mathrm{d}\tau = c_\psi\int_{-\infty}^\infty |x(t)|^2\mathrm{d}t \tag{4.7}$$

**证明**　在式（4.6）中令 $x_1(t)=x_2(t)=x(t)$，便得

$$\langle x_1(t),\psi_{a,\tau}(t)\rangle = \mathrm{WT}_x(a,\tau)$$

$$\langle \psi_{a,\tau}(t),x_2(t)\rangle = \mathrm{WT}_x^*(a,\tau)$$

$$\langle x_1(t),x_2(t)\rangle = \int |x(t)|^2\mathrm{d}t$$

将以上这个式子代入式（4.5）中，便得式（4.7）。

## 4.4　小波反变换及对基本小波的要求

4.4

任何变换都必须存在反变换才有意义。对小波变换而言，所采用的小波必须满足容许条件，反变换才存在。

当小波满足容许条件 $c_\psi=\displaystyle\int_0^\infty \frac{|\Psi(\omega)|^2}{\omega}\mathrm{d}\omega<\infty$ 时，才能对小波变换 $\mathrm{WT}_x(a,\tau)$ 进行反变换而得到 $x(t)$，此时

$$\begin{aligned} x(t) &= \frac{1}{c_\psi}\int_0^\infty \frac{\mathrm{d}a}{a^2}\int_{-\infty}^\infty \mathrm{WT}_x(a,\tau)\psi_{a,\tau}(t)\mathrm{d}\tau \\ &= \frac{1}{c_\psi}\int_0^\infty \frac{\mathrm{d}a}{a^2}\int_{-\infty}^\infty \mathrm{WT}_x(a,\tau)\frac{1}{\sqrt{a}}\psi\left(\frac{t-\tau}{a}\right)\mathrm{d}\tau \end{aligned} \tag{4.8}$$

为了理解小波容许条件，下面讨论小波容许条件的意义。满足容许条件是对小波函数的最基本要求。此外，在不同的应用场合下，小波还要满足消失矩、紧支性、对称性等要求。

**1. 容许条件**

如果函数 $\psi(t)$ 的傅里叶变换 $\Psi(\omega)$ 满足

$$c_\psi=\int_0^\infty \frac{|\Psi(\omega)|^2}{\omega}\mathrm{d}\omega<\infty \tag{4.9}$$

则称 $\psi(t)$ 为容许小波，而 $c_\psi = \int_0^\infty \dfrac{|\Psi(\omega)|^2}{\omega}\mathrm{d}\omega < \infty$ 便是对 $\psi(t)$ 提出的容许条件。由式 (4.9)可得

$$\begin{cases} \Psi(\omega) = \int \psi(t)\mathrm{e}^{-\mathrm{j}\omega t}\mathrm{d}t \\ \Psi(\omega = 0) = \int \psi(t)\mathrm{d}t = 0 \end{cases}$$

小波函数 $\psi(t)$ 应满足 $\Psi(\omega=0)=0$，即 $\Psi(\omega)$ 具有"带通"特性；而 $\psi(t)$ 满足 $\int_{-\infty}^{\infty}\psi(t)\mathrm{d}t = 0$，即 $\psi(t)$ 必须是正负交替的振荡波形才使得平均值为零，在图形上呈现"波"的形状。由于 $\int_{-\infty}^{\infty}|\psi(t)|\mathrm{d}t < \infty$，即 $\psi(t)$ 的定义域是紧支撑的，当超出一定的范围时，其波动的幅度迅速衰减为零。也就是说，$\psi(t)$ 只能在一个"小"的范围内波动。

### 2. 消失矩

满足容许条件的 $\psi(t)$ 便可以用作基本小波。但实际上往往要求更高些，对 $\psi(t)$ 还要施加所谓"正规性条件"，以便 $\Psi(\omega)$ 在频域上表现出较好的局域性能。频域的局部性等价于要求 $\psi(t)$ 的前 $n$ 阶消失矩为零，且 $n$ 值越大越好。$n$ 阶消失矩定义如下：

$$\int t^p \psi(t)\mathrm{d}t = 0 \quad (p = 1, 2, \cdots, n) \tag{4.10}$$

此要求的相应频域表示是 $\Psi(\omega)$ 在 $\omega=0$ 处有高阶零点，且阶次越高越好，即

$$\Psi(\omega) = \omega^{n+1}\Psi_0(\omega) \qquad (\Psi_0(\omega=0) \neq 0, n \text{ 值越大越好}) \tag{4.11}$$

利用傅里叶变换性质证明如下：

因为 $\Psi(\omega) = \int \psi(t)\mathrm{e}^{-\mathrm{j}\omega t}\mathrm{d}t$，根据傅里叶变换的频域微分性质，有

$$\frac{\mathrm{d}\Psi(\omega)}{\mathrm{d}\omega} = \int (-\mathrm{j}t)\psi(t)\mathrm{e}^{-\mathrm{j}\omega t}\mathrm{d}t$$

故

$$\left.\frac{\mathrm{d}\Psi(\omega)}{\mathrm{d}\omega}\right|_{\omega=0} = (-\mathrm{j})\int t\psi(t)\mathrm{d}t = 0$$

同理可得

$$\left.\frac{\mathrm{d}^n\Psi(\omega)}{\mathrm{d}\omega^n}\right|_{\omega=0} = (-\mathrm{j})^n\int t^n\psi(t)\mathrm{d}t = 0$$

可见，要求 $\int t^p\psi(t)\mathrm{d}t = 0$，$p=0\sim n$，等效于要求

$$\left.\frac{\mathrm{d}^p\Psi(\omega)}{\mathrm{d}\omega^p}\right|_{\omega=0} = 0, \ p = 0 \sim n, \ \Psi(\omega) = \omega^{n+1}\Psi_0(\omega), \ \Psi_0(\omega=0) \neq 0$$

由消失矩定义可知，$n$ 阶消失矩意味着小于 $n$ 次的多项式与小波函数 $\psi(t)$ 作内积的运算结果都是零。而一般的光滑函数 $f(t)$ 都可以通过泰勒级数展开为多项式，因此，小波函数的消失矩越高，光滑函数用小波展开后的零元素就越多，或者说小波展开系数的大部分在零元素附近。利用该性质通过小波变换来压缩数据是有利的。

### 3. 紧支性

若函数 $\psi(t)$ 在区间 $[a, b]$ 外恒为零，则称该函数在这个区间上紧支。具有紧支性质的

小波称为紧支性小波。用具有紧支性的小波函数展开信号可以描述信号快速衰减的特性，同时也正是由于紧支性，才会使内积 $\left\langle f(t), \psi\left(\dfrac{t-\tau}{a}\right)\right\rangle$ 的计算量减少，且便于计算机实现。紧支性是小波的重要性质。支集越小的小波，局部能力越强。在信号的突变和图像的边缘检测中，紧支小波基是首要选择，但紧支性与正交性是一对矛盾，常常需要作适当的权衡。

### 4. 对称性

在图像信号处理中，对称或反对称的尺度函数和小波函数非常重要。尺度函数和小波函数通过二尺度方程与滤波器相联系，具有对称或反对称的滤波器系数，能保证滤波器具有线性相位特性。人类的听觉和视觉对语音和图像分析处理系统的线性相位要求较高，对边缘附近对称的量化误差较非对称误差更不敏感。对称和反对称小波在检测信号的奇异性时的表现是不同的，对于阶跃型边缘，反对称小波变换在该处为最大值，而对称小波变换则呈现过零值。可以证明，除了 Haar 基外，所有具有紧支集的实正交小波基都是不对称的，双正交小波可以具有对称性。

除了以上几个方面，为使小波分析成为一种有用的信号分析处理工具，小波还必须满足以下三个基本要求：

（1）小波是一般函数的积木块。小波能够作为基函数，对一般的函数进行小波级数展开。

（2）小波具有时频聚集性。小波的大部分能量聚集在一个有限的区间内，在理想情况下，在该区间外，小波函数的能量应等于零，即小波在频域是紧支撑函数。但是根据不确定性原理可知，一个在频域紧支撑的函数，它在时域的支撑区是无穷的。因此，小波函数应该在时域是紧支撑的，而在频域能够快速衰减。

一个小波函数向高频率的衰减对应于小波函数的时域光滑性。小波越光滑，它向高频率的衰减越快。若衰减是指数的，则小波将是无穷次可导。一个小波向低频率的衰减对应于该小波的消失矩的阶数。因此，借助小波函数的光滑性和消失矩，就可以保证小波的"频率聚集性"，从而获得希望的频率特性。

（3）小波变换具有快速变换算法。类似于 FFT 是傅里叶变换的快速算法一样，希望小波变换可以利用计算机快速计算。

这三个基本要求的实现构成了小波分析的主要内容。

## 思 考 题

1. 连续小波变换的物理意义是什么？

2. 从时频分析网格和滤波器组两个方面对比小波变换和短时傅里叶变换的异同点。

3. 为什么小波变换不满足能量守恒性，而满足能量的比例性？

# 第5讲　小波级数与小波框架

本讲首先从连续小波变换的冗余性引出对连续小波变换的尺度与时移参数离散化的必要性，从而得到离散化的小波变换形式；然后讨论离散化的特殊情况——二进小波变换，得到小波级数表达式；最后针对小波级数讨论小波框架理论。

## 5.1　连续小波变换的冗余性

5.1

连续小波变换将一维信号 $x(t)$ 映射到二维尺度——时间 $(a,\tau)$ 平面上，信号经过小波变换后其自由度明显增加，使得小波变换的结果 $\mathrm{WT}_x(a,\tau)$ 存在大量的冗余信息。

首先，小波变换的核函数有许多可能的选择，它可以是非正交小波、正交小波或双正交小波，甚至允许彼此是线性相关的，这就使得信号 $x(t)$ 的小波变换与小波反变换不存在一一对应关系。

其次，由于小波族函数 $\psi_{a,\tau}(t)$ 是由同一个基本小波 $\psi(t)$ 经过尺度伸缩和时间平移获得的，而连续小波变换又具有平移不变和尺度伸缩共变性，故在 $(a,\tau)$ 平面上，不同两点之间的连续小波变换具有相似性，即

$$\mathrm{WT}_x(a_0,\tau_0) = \int_0^\infty \frac{\mathrm{d}a}{a^2} \int_{-\infty}^\infty \mathrm{WT}_x(a,\tau) K_\psi(a_0,\tau_0,a,\tau)\mathrm{d}\tau \qquad (5.1)$$

式(5.1)称为重建核方程，它描述 $(a,\tau)$ 平面上各点小波变换的相关性导致的连续小波变换的冗余性，即在 $(a_0,\tau_0)$ 处的小波变换值 $\mathrm{WT}_x(a_0,\tau_0)$ 可以表示成半平面 $(a\in\mathbf{R}^+,\tau\in\mathbf{R})$ 上其他各处小波变换值的总贡献，每一处的贡献值由重建核 $K_\psi(a_0,\tau_0,a,\tau)$ 来决定。重建核定义如下：

$$
\begin{aligned}
K_\psi(a_0,\tau_0,a,\tau) &= \frac{1}{c_\psi}\langle \psi_{a,\tau}(t),\psi_{a_0,\tau_0}(t)\rangle \\
&= \frac{1}{c_\psi}\int \psi_{a,\tau}(t)\psi_{a_0,\tau_0}^*(t)\mathrm{d}t \\
&= \frac{1}{c_\psi}\int \frac{1}{\sqrt{a}}\psi\left(\frac{t-\tau}{a}\right)\cdot\frac{1}{\sqrt{a_0}}\psi^*\left(\frac{t-\tau_0}{a_0}\right)\mathrm{d}t
\end{aligned}
\qquad (5.2)
$$

$K_\psi(a_0,\tau_0,a,\tau)$ 反映的是 $\psi_{a,\tau}(t)$ 和 $\psi_{a_0,\tau_0}(t)$ 的相关性。当 $a=a_0$，$\tau=\tau_0$ 时，$K_\psi(a_0,\tau_0,a,\tau)$ 取得最大值。如果 $(a,\tau)$ 偏离 $(a_0,\tau_0)$ 时，$K_\psi(a_0,\tau_0,a,\tau)$ 衰减得越快，则两者的相关区域越小。当 $K_\psi(a_0,\tau_0,a,\tau)=\delta(\tau-\tau_0,a-a_0)$ 时，$(a,\tau)$ 平面上的小波变换值互不相关，小波变换所含的信息没有冗余。这要求不同尺度及不同平移的小波函数之间相互正交。但是，

当 $a$、$\tau$ 是连续变量时，对应的小波函数很难达到彼此正交，因此，信号 $x(t)$ 经过小波变换被变换成 $\mathrm{WT}_x(a, \tau)$ 后信息有冗余。

重建核方程和重建核说明，正如小波容许条件指出的那样，并不是所有任意时间函数都可以充当基本小波 $\psi(t)$，从 $(a, \tau)$ 平面上看，也不是任意 $F(a, \tau)$ 都可以用作 $\mathrm{WT}_x(a, \tau)$。即任意信号 $x(t)$ 先作小波正变换后再将所得结果作反变换，仍得 $x(t)$，在这一顺序下小波变换是可逆的。但是任意 $F(a, \tau)$ 先作小波反变换得 $x(t)$ 后再将 $x(t)$ 作正变换得到的 $\mathrm{WT}_x(a, \tau)$ 却未必等于 $F(a, \tau)$。

连续小波变换在 $(a, \tau)$ 平面的不同点之间的相互关联，增加了分析和解释小波变换结果的困难。因此，连续小波变换的冗余度应尽可能减小，它是小波分析中需要解决的问题之一。

## 5.2　连续小波变换的离散化

5.2

因为在 $(a, \tau)$ 平面的不同点之间的小波变换存在着关联，所以不必关心整个连续的 $(a, \tau)$ 平面上所有点的小波变换值，而只需关注 $(a, \tau)$ 平面上的一些离散点即可。为了减少信息冗余，就必须将连续小波 $\psi_{a, \tau}(t)$ 和连续小波变换 $\mathrm{WT}_x(a, \tau)$ 的尺度参数与时移系数都离散化。注意，这里的离散化是针对连续的尺度参数 $a$ 和连续的平移参数 $\tau$ 而言，而不是针对时间变量 $t$ 的离散而言的，这一点与以前数字信号处理课程中的时间离散化不同。

令尺度参数 $a$ 和平移参数 $\tau$ 分别为 $a = a_0^j$，$\tau = k a_0^j \tau_0$，则与之对应的离散形式的小波为

$$\psi_{j, k}(t) = a_0^{-j/2} \psi(a_0^{-j} t - k\tau_0) \tag{5.3}$$

相应的离散小波变换 $\mathrm{WT}_x(j, k)$ 为

$$d_{j, k} = \mathrm{WT}_x(j, k) = \mathrm{WT}_x(a_0^j, k a_0^j \tau_0) = \langle x(t), \psi_{j, k}(t) \rangle = \int_{-\infty}^{\infty} x(t) \psi_{j, k}^*(t)\mathrm{d}t \tag{5.4}$$

其中，$\mathrm{WT}_x(j, k)$ 称为离散小波系数，简称小波系数。

对应的离散化实际数值计算时可使用的信号重构公式为

$$x(t) = c \sum_{j=-\infty}^{\infty} \sum_{k=-\infty}^{\infty} d_{j, k} \psi_{j, k}(t) \tag{5.5}$$

式中，$c$ 是一个与信号无关的常数，一般取 $c=1$。

那么如何选取 $a_0$ 和 $\tau_0$ 呢？从减少连续小波变换冗余性的角度考虑，希望 $a_0$ 和 $\tau_0$ 尽可能大，但从保证重构信号的精度来讲，希望网格点尽可能密，即 $a_0$ 和 $\tau_0$ 尽可能小，否则，如果网格点越稀疏，可使用的小波函数 $\psi_{j, k}(t)$ 和离散小波系数 $\mathrm{WT}_x(j, k)$ 就越少，信号重构的精确度也就越低。权衡减少冗余度和保证信号重建精度两个方面，说明将连续小波变换的连续参数离散化存在着最佳的离散阈值。

## 5.3　二进小波变换与小波级数

5.3

为了使小波变换具有可变化的时间分辨率和频率分辨率，也就是实现小波变换具有的

"变焦距"功能，需要改变尺度参数 $a$ 和平移参数 $\tau$，即在 $(a, \tau)$ 平面上采用动态的采样网格。最常用的是二进制的动态采样网格，取 $a_0=2$，$\tau_0=1$，即每个网格点对应的尺度为 $2^j$，而平移为 $2^j k$。当离散化参数取 $a_0=2$ 和 $\tau_0=1$ 时，二进离散化的小波为

$$\psi_{j, k}(t) = 2^{-j/2} \psi(2^{-j}t - k) \qquad (j, k \in \mathbf{Z}) \tag{5.6}$$

称 $\psi_{j, k}(t)$ 为二进小波基函数，其中 $\mathbf{Z}$ 表示整数域。即二进离散小波基函数 $\psi_{j, k}(t)$ 是由小波函数 $\psi(t)$ 经整数 $2^j$ 缩放和经整数 $k$ 平移所生成的函数族 $\{\psi_{j, k}(t), j, k \in \mathbf{Z}\}$。若小波函数 $\psi(t)$ 满足小波容许条件，则离散小波 $\psi_{j, k}(t)$ 也是满足容许条件的小波；若小波函数 $\psi(t)$ 具有时频局部化表现，则离散小波 $\psi_{j, k}(t)$ 也具有时频局部化表现。若小波函数 $\psi(t)$ 的中心频率和半带宽分别为 $\omega^*$、$\Delta\omega$，则二进离散化的小波 $\psi_{j, k}(t)$ 的中心频率和半带宽分别为

$$\begin{cases} \omega_j^* = 2^j \omega^* \\ \Delta\omega_j = 2^j \Delta\omega \end{cases} \tag{5.7}$$

二进离散小波变换的定义为

$$d_{j, k} = \langle x(t), \psi_{j, k}(t) \rangle = \int_{-\infty}^{+\infty} x(t)\psi_{j, k}^*(t)\mathrm{d}t \tag{5.8}$$

$d_{j, k}$ 是二进离散小波变换系数，它是频率(尺度)指标 $j$ 和时间(平移)指标 $k$ 的函数。二进离散小波变换将一维信号 $x(t)$ 映射到二维数组 $d_{j, k}$ 上，显然，其计算量较之连续小波变换大大减少。另一方面，经离散小波 $\psi_{j, k}(t)$ 作用的小波变换实际上是把信号的频率范围限制在一系列子频带内，小波变换的结果是这个频带内的时域分量，即小波 $\psi_{j, k}(t)$ 是一个带通函数，小波变换在频域的局部化作用由频率指标 $j$ 调节，在时域的局部化作用由平移指标 $k$ 调节。

在 $(a, \tau)$ 平面上的二进制的动态采样网格如图 5.1 所示，从中可以看出二进小波变换对信号分析具有变焦距的作用。假定一开始选择一个放大倍数 $2^j$，它对应于观测到信号的某部分内容。若想进一步观看信号更小的细节，则可增加放大倍数，即减小 $j$ 值；反之，若想了解信号更多的内容，则可减小放大倍数，即加大 $j$ 值。在这个意义上，小波变换被称为"数学显微镜"。

图 5.1　二进制的动态采样网格

尺度因子二进离散化的物理意义就是对频率域的二倍频程进行划分。虽然各种不同方法所构造的小波在波形上有很大差别，但它们的频域有效半宽度都等于 $\pi/2$，因而，所有的小波函数在 $j=0$ 时的频带都近似为 $(\pi, 2\pi)$。由于信号中含有的最高频率成分的高低是信号实际分辨率的标志，故称 $j$ 为分辨率级别。二进小波的频率划分如图 5.2 所示。

与傅里叶分析包括了"傅里叶积分变换"和"傅里叶级数"一样，非平稳信号的小波分析也由两个重要的数学实体，即"小波积分变换"和"小波级数"组成。

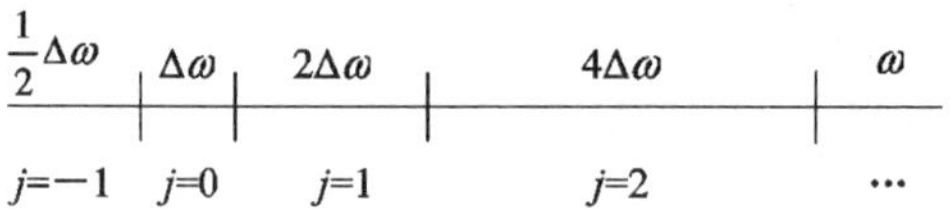

$$\frac{1}{2}\Delta\omega \quad \Delta\omega \quad 2\Delta\omega \quad 4\Delta\omega \quad \omega$$

$$j=-1 \qquad j=0 \qquad j=1 \qquad j=2 \qquad \cdots$$

图 5.2　二进小波的频率划分

类似于傅里叶分析的傅里叶级数展开,小波分析同样也存在小波级数展开。任何一个平方可积分的实函数 $x(t)\in L^2(\mathbf{R})$ 都具有一个小波级数表达式:

$$x(t) = \sum_{j=-\infty}^{\infty}\sum_{k=-\infty}^{\infty} d_{j,k}\tilde{\psi}_{j,k}(t) \tag{5.9}$$

其中小波系数为

$$d_{j,k} = \mathrm{WT}_x(j,k) = \int_{-\infty}^{+\infty} x(t)\psi_{j,k}^*(t)\mathrm{d}t \tag{5.10}$$

小波系数 $d_{j,k}$ 是平方可和序列,即这些系数满足

$$\sum_{j=-\infty}^{\infty}\sum_{k=-\infty}^{\infty} |d_{j,k}|^2 < \infty \tag{5.11}$$

式(5.9)中的基函数 $\tilde{\psi}_{j,k}(t)$ 称为小波基函数 $\psi_{j,k}(t)$ 的对偶基,定义为

$$\tilde{\psi}_{j,k}(t) = 2^{-j/2}\tilde{\psi}(2^{-j}t-k) \qquad (j,k\in\mathbf{Z}) \tag{5.12}$$

其中 $\tilde{\psi}(t)$ 是小波 $\psi(t)$ 的对偶小波。当小波与其对偶小波相等时,即 $\tilde{\psi}(t)=\psi(t)$ 时,小波基函数与其对偶小波基函数也相等,即 $\tilde{\psi}_{j,k}(t)=\psi_{j,k}(t)$。这时,式(5.9)就退化为式(5.5)。

## 5.4　小波的非正交展开与小波框架理论

紧支性可保证小波分析的时间局部分辨特性,对称性可保证小波的滤波器作用具有线性相位特性,但是,离散的、正交的、具有紧支集、光滑的、对称的小波函数在实际中一般难以得到,往往需要牺牲正交性来获得其他要求。所以,在小波变换中除了正交小波展开外,还常常作非正  5.4.1 交展开,就是利用单个非正交函数的平移与调制等基本运算构造非正交基函数,然后用这些基函数对信号作级数展开。由于正交小波是相当复杂的函数,而任何一种"好的"函数都可以作为非正交展开的基小波,在某些感兴趣的情况下,适合的正交基函数有时不存在,因此需要寻找非正交展开,且这种非正交展开可以得到高的数值稳定性。在小波分析中,非正交展开常使用线性独立基作为展开函数,而线性独立基的概念又与框架理论密切相关。

二进离散小波变换将一维信号 $x(t)$ 映射到二维数组 $d_{j,k}$ 上,那么,能否利用这个二维数组 $\{d_{j,k}\}$ 完全重构信号 $x(t)$ 信号呢?即离散小波系数 $\{d_{j,k}\}$ 能否完全刻画信号 $x(t)$。或者说,能否由离散小波系数 $\{d_{j,k}\}$ 通过一个数值上稳定的方法重构信号 $x(t)$,即信号 $x(t)$ 能否写成构造元素,亦即二进离散化的小波 $\psi_{j,k}(t)$ 的叠加,并且叠加系数有一个简单的算法可求。综上可得,重构问题简化为

$$x(t) = \sum_{j=-\infty}^{\infty}\sum_{k=-\infty}^{\infty} \langle x(t),\psi_{j,k}(t)\rangle\tilde{\psi}_{j,k}(t) \tag{5.13}$$

这个问题等价于,二进离散化的小波 $\psi_{j,k}(t)$ 满足什么条件,二进小波变换才有反变换?如何计算二进小波变换系数?如何构造对偶小波 $\tilde{\psi}_{j,k}(t)$?对此,分以下三种情况逐一讨论。

**1. 框架小波**

设平方可求和 $l^2(\mathbf{Z}^2)$ 空间的序列集合 $\{\psi_{j,k}(t),j,k\in\mathbf{Z}\}$ 组成框架，对于两个正数 $A$ 和 $B(0<A\leqslant B<\infty)$，使得

$$A\|f\|^2\leqslant\sum_{j=-\infty}^{\infty}\sum_{k=-\infty}^{\infty}|\langle f,\psi_{j,k}\rangle|^2\leqslant B\|f\| \tag{5.14}$$

对所有的 $f(t)\in L^2(\mathbf{R})$ 恒成立。其中：$\langle f,\psi_{j,k}\rangle=\displaystyle\int_{-\infty}^{\infty}f(t)\psi_{j,k}^*(t)\mathrm{d}t$；正的常数 $A$ 和 $B$ 分别称为框架的下界和上界。特别地，如果 $\{\psi_{j,k}(t),j,k\in\mathbf{Z}\}$ 组成一个框架，且 $B/A\approx1$，则称 $\{\psi_{j,k}(t),j,k\in\mathbf{Z}\}$ 为紧凑框架。当 $A=B$ 时，称 $\{\psi_{j,k}(t),j,k\in\mathbf{Z}\}$ 为紧支框架，$\{\psi_{j,k}(t)\}$ 为框架小波。根据第 2 讲中有关框架理论可知，当 $A=B$ 时，至少在理论上完全重构是可能的，但没有构造对偶框架的具体办法。框架的冗余度由框架的上、下界界定。

**2. Riesz 基小波**

设小波框架 $\{\psi_{j,k}(t),j,k\in\mathbf{Z}\}$ 为独立序列的集合，且已构成一个框架，若除去 $\{\psi_{j,k}(t),j,k\in\mathbf{Z}\}$ 中任何一个元素后不再是框架，则称它为正合框架，即正好合适的框架。在小波分析中，正合框架常称为 Riesz 基。

5.4.2

若离散小波族 $\{\psi_{j,k}(t),j,k\in\mathbf{Z}\}$ 是线性独立的，且存在 $0<A\leqslant B<\infty$ 使得

$$A\|\{d_{j,k}\}\|_2^2\leqslant\sum_{j=-\infty}^{\infty}\sum_{k=-\infty}^{\infty}|d_{j,k}\psi_{j,k}|^2\leqslant B\|\{d_{j,k}\}\|_2^2 \tag{5.15}$$

对于所有平方可和序列 $\{d_{j,k}\}$ 恒成立，则称二维序列 $\{\psi_{j,k}(t),j,k\in\mathbf{Z}\}$ 是 $L^2(\mathbf{R})$ 内的一个 Riesz 基，且常数 $A$ 和 $B$ 分别称为 Riesz 的下界和上界。式(5.15)中的 $\{d_{j,k}\}$ 满足

$$\|\{d_{j,k}\}\|_2^2=\sum_{j=-\infty}^{\infty}\sum_{k=-\infty}^{\infty}|d_{j,k}|^2<\infty \tag{5.16}$$

也称 $\{\psi_{j,k}(t)\}$ 为 Riesz 基小波，这时，存在唯一对偶小波，对应的二进小波变换的信号重构公式为

$$f(t)=\sum_{j=-\infty}^{\infty}\sum_{k=-\infty}^{\infty}\langle f(t),\psi_{j,k}(t)\rangle\tilde{\psi}_{j,k}(t)=\sum_{j=-\infty}^{\infty}\sum_{k=-\infty}^{\infty}d_{j,k}\tilde{\psi}_{j,k}(t) \tag{5.17}$$

令 $\psi_{j,k}(t)\in L^2(\mathbf{R})$，并且 $\psi_{j,k}(t)$ 是由 $\psi(t)$ 生成的小波，则以下三个叙述是等价的：

① $\psi_{j,k}(t)$ 是 $L^2(\mathbf{R})$ 的 Riesz 基；

② $\psi_{j,k}(t)$ 是 $L^2(\mathbf{R})$ 的正合框架；

③ $\psi_{j,k}(t)$ 是 $L^2(\mathbf{R})$ 的一个框架，并且还是一个线性无关族，即 $\sum_j\sum_k d_{j,k}\psi_{j,k}(t)=0$，意味着 $d_{j,k}\equiv0$，而且 Riesz 界和框架界相同。

通过 Gram-Schmidt 标准正交化处理，一个 Riesz 基可以变成标准正交基。所以，有时要求正交基的条件可以放宽到 Riesz 基。

**3. 标准正交小波**

如果 $\{\psi_{j,k}(t),j,k\in\mathbf{Z}\}$ 满足标准正交基的条件，即

$$\langle\psi_{j,k},\psi_{m,n}\rangle=\delta(j-m)\delta(k-n)\qquad(j,k,m,n\in\mathbf{Z})$$

则称 $\{\psi_{j,k}(t),j,k\in\mathbf{Z}\}$ 为标准正交小波。正交二进小波变换的信号重构公式为

$$f(t)=\sum_{j=-\infty}^{\infty}\sum_{k=-\infty}^{\infty}\langle f(t),\psi_{j,k}(t)\rangle\psi_{j,k}(t)=\sum_{j=-\infty}^{\infty}\sum_{k=-\infty}^{\infty}d_{j,k}\psi_{j,k}(t) \tag{5.18}$$

从以上的讨论可以看出，在二进离散小波变换中，正交小波变换是一种最简单的情况，此时它的对偶基就是它自身。

根据是否正交，小波可分为正交小波、半正交小波、非正交小波和双正交小波。

1）正交小波

若 Riesz 小波 $\psi(t)$ 生成的离散小波族 $\{\psi_{j,k}(t), j, k \in \mathbf{Z}\}$ 满足正交性条件

$$\langle \psi_{j,k}, \psi_{m,n} \rangle = \delta(j-m)\delta(k-n) \qquad (j, k, m, n \in \mathbf{Z}) \qquad (5.19)$$

则称 Riesz 小波 $\psi(t)$ 为正交小波。

2）半正交小波

若 Riesz 小波 $\psi(t)$ 生成的离散小波族 $\{\psi_{j,k}(t), j, k \in \mathbf{Z}\}$ 满足"跨尺度正交性"，即

$$\langle \psi_{j,k}, \psi_{m,n} \rangle = 0 \qquad (j, k, m, n \in \mathbf{Z}, j \neq m) \qquad (5.20)$$

则称 Riesz 小波 $\psi(t)$ 为半正交小波。

由于半正交小波可以通过标准正交化处理变成正交小波，因此半正交小波变换不作为小波分析的讨论对象。

3）非正交小波

Riesz 小波 $\psi(t)$ 如果不是半正交小波，则称之为非正交小波。

4）双正交小波

若小波 $\psi(t)$ 及其对偶小波 $\tilde{\psi}(t)$ 生成的小波族 $\psi_{j,k}(t)$ 和 $\tilde{\psi}_{j,k}(t)$ 是双正交的 Riesz 基，即

$$\langle \psi_{j,k}, \tilde{\psi}_{m,n} \rangle = \delta(j-m)\delta(k-n) \qquad (j, k, m, n \in \mathbf{Z}) \qquad (5.21)$$

则称 Riesz 小波 $\psi(t)$ 为双正交小波。

上面定义的正交实际是单个函数自身的正交性，而双正交则指两个函数之间的正交性。双正交小波并不涉及 $\psi(t)$ 和 $\psi_{j,k}(t)$ 自身的正交性。一个正交小波一定是双正交小波，但双正交小波一般不是正交小波。

一般来说，离散小波框架的信息量仍有冗余，从数值计算和数据压缩的角度看，希望继续减少它们之间的冗余性。另外，离散小波框架一般不是 $L^2(\mathbf{R})$ 正交基，从函数空间表示的角度看，自然追求用正交基表示函数。连续小波变换经过离散化后就是要寻找没有冗余的小波框架和 $L^2(\mathbf{R})$ 空间的标准正交基。

通过 Gram-Schmidt 标准正交化，一个 Riesz 基可以变成一个标准正交基。从减少连续小波变换的冗余性方面考虑，尽可能减少小波之间的线性相关，换言之，希望小波族 $\{\psi_{j,k}(t)\}$ 具有线性独立性。从信号重构精度方面考虑，正交基是信号重构最理想的基函数，所以，希望小波是正交小波。然而，在多分辨率分析理论建立之前，构造一个正交的小波基函数，并没有通用的方法。直到 S. Mallat 和 Y. Meyer 提出一个理性思考及具体可行的多分辨率逼近框架后，才找到了构造各种正交小波函数的统一方法，也正是在多尺度逼近和多分辨率分析基础上，才可以在深层次上认识小波函数和小波变换。

## 思　考　题

1. 连续小波变换的冗余性是由什么原因造成的？如何减少这种冗余性？

2. 连续小波变换进行二进制离散的目的是什么？

3. 如何理解框架小波、Riesz 基小波、标准正交小波的概念？

# 第6讲 多分辨率分析——尺度空间与小波空间

多分辨率分析(Multi-Resolution Analysis，MRA)又称为多尺度分析，它是建立在函数空间概念上的数学理论，但其思想的形成又源于工程应用的推动。MRA 不仅为正交小波基的构造提供了一种简单的方法，而且为正交小波变换的快速算法提供了理论依据。同时，MRA 又与多采样率滤波器组不谋而合，使小波变换同数字滤波器的理论结合起来。因此，多分辨率分析在正交小波变换理论中具有非常重要的地位。

6.0

本讲首先介绍多分辨率分析的基本思想；然后从对信号的多尺度逼近角度引入尺度函数与尺度空间的概念；其次为了寻找平方可积空间的一组正交基，通过尺度空间的补空间引入小波函数和小波空间；接着讨论信号在尺度空间和小波空间的多尺度分解；最后进一步讨论尺度函数和小波函数的性质，为后续内容做好铺垫。

## 6.1 多分辨率分析的基本思想

6.1

多分辨率分析就是要构造一组函数空间，每组函数空间的构成都有一个统一的形式，而所有函数空间的闭包则逼近 $L^2(\mathbf{R})$。在每个函数空间中，所有的函数都构成该空间的标准正交基。那么，将信号在这类函数空间上进行分解，就可以得到相互正交的时频特性，而且由于函数空间的数目是无限可数的，这样就可以方便地分析我们所关心的信号的某些特性。

一个多分辨率分析由一系列闭子空间 $\{V_j, j \in \mathbf{Z}\}$ 构成，这些闭子空间应满足下述性质：

(1)一致单调性：

$$\cdots \subset V_2 \subset V_1 \subset V_0 \subset V_{-1} \subset V_{-2} \subset \cdots \tag{6.1}$$

较低的分辨率与较粗的信号内容对应，从而对应更大的子空间。

(2)渐进完全性：

$$\begin{cases} \bigcap_{j \in \mathbf{Z}} V_j = \{0\} \\ \overline{\bigcup_{j \in \mathbf{Z}} V_j} = L^2(\mathbf{R}) \end{cases} \tag{6.2}$$

所有子空间的并集代表整个平方可积空间；由包容性可知，子空间之间的交集为零空间。

(3)伸缩规则性：

$$f(t) \in V_j \Leftrightarrow f(2^{-j}t) \in V_0 \qquad (j \in \mathbf{Z}) \tag{6.3}$$

尺度加大意味着该函数被展宽，其时间分辨率降低，所以要求相应的子空间也具有类似的伸缩性。

（4）平移不变性：

$$f(t) \in V_0 \Rightarrow f(t-n) \in V_0 \qquad (n \in \mathbf{Z}) \tag{6.4}$$

函数的平移并不改变其形状，其时间分辨率不变，故 $f(t)$ 和 $f(t-n)$ 属于同一个子空间 $V_0$。

（5）正交基存在性：存在 $\phi(t) \in V_0$，使得 $\{\phi(t-n)\}$，$n \in \mathbf{Z}$ 是 $V_0$ 的正交基，即

$$\begin{cases} V_0 = \overline{\underset{n}{\mathrm{span}}\{\phi(t-n)\}} \\ \displaystyle\int_{\mathbf{R}} \phi(t-n)\phi(t-m)\mathrm{d}t = \delta_{m,\,n} \end{cases} \tag{6.5}$$

因为由 Riesz 基可以构造出一组正交基，故其中正交基存在性条件可放宽为 Riesz 基存在性。

## 6.2 尺度函数与尺度空间

为了理解多尺度分析的概念，下面以图形方式，用不同尺度的零阶样条函数来逼近信号 $f(t)$，如图 6.1 所示。可以看出不同尺度下逼近原信号的差异，当尺度 $n \to \infty$ 时，$f^{n+1}(t) \to f(t)$，即这种逼近是精确的。

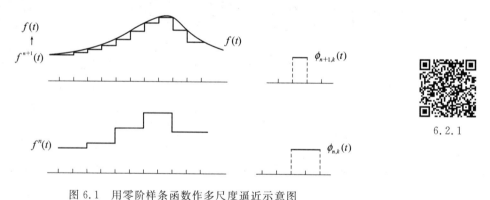

图 6.1　用零阶样条函数作多尺度逼近示意图

如果把尺度由大到小的变化过程想象为将照相机镜头由远及近地接近目标的过程，就可以理解多尺度分析思想。在大尺度空间里，相当于在远距离下观察目标整体，此时只能看到目标的大致概貌。在小尺度空间里，相当于在近距离下观察目标的细节，此时可观察到目标的细微变化。当尺度由大到小变化时，在各尺度上可以由粗及精地观察目标，这就是多尺度分析的思想。

定义函数 $\phi(t) \in L^2(\mathbf{R})$ 为尺度函数，若其整数平移系列 $\{\phi_k(t) = \phi(t-k), k \in \mathbf{Z}\}$ 构成标准正交基，即它满足

$$\langle \phi_k(t), \phi_{k'}(t) \rangle = \delta_{k,\,k'} \tag{6.6}$$

将 $\phi_k(t)$ 在 $L^2(\mathbf{R})$ 空间张成的闭子空间 $V_0$ 定义为零尺度空间，记为

$$V_0 = \overline{\operatorname*{span}_k \{\phi_k(t)\}} \qquad (k \in \mathbf{Z}) \tag{6.7}$$

则对于该空间的任意函数 $f(t) \in V_0$，有

$$f(t) = \sum_k a_k \phi_k(t) \tag{6.8}$$

这是函数 $f(t)$ 在零尺度下的一个逼近，其展开的基函数为零尺度函数 $\phi(t)$ 及其整数平移系列。

如果尺度函数 $\phi(t)$ 在平移的同时又进行了尺度伸缩，就可以得到一个尺度和位移均可变化的函数集合：

$$\phi_{j,k}(t) = 2^{-\frac{j}{2}} \phi(2^{-j}t - k) = \phi_k(2^{-j}t) \qquad (k \in \mathbf{Z}) \tag{6.9}$$

称每一个固定尺度 $j$ 上的整数平移系列 $\{\phi_k(2^{-j}t), k \in \mathbf{Z}\}$ 所张成的空间 $V_j$ 为

6.2.2

$j$ 尺度空间，即

$$V_j = \overline{\operatorname*{span}_k \{\phi_k(2^{-j}t)\}} \qquad (k \in \mathbf{Z}) \tag{6.10}$$

则对于任意的属于该空间的函数 $f(t) \in V_j$，有

$$f(t) = \sum_k a_k \phi_k(2^{-j}t) = 2^{-\frac{j}{2}} \sum_k a_k \phi(2^{-j}t - k) \tag{6.11}$$

这是函数 $f(t)$ 在 $j$ 尺度下的一个逼近，其展开的基函数为 $j$ 尺度下的尺度函数 $\phi_k(2^{-j}t)$ 及其整数平移系列。

由此可见，尺度函数 $\phi(t)$ 在不同尺度下，其整数平移系列张成一系列的尺度空间 $\{V_j, j \in \mathbf{Z}\}$。随着尺度 $j$ 的增大，尺度函数 $\phi_{j,k}(t)$ 的定义域变大，实际的平移间隔也变大，则它的线性组合式(6.11)就不能表示函数中的小于该尺度的细微变化，因此其张成的尺度空间只能包括大尺度的缓变信

6.2.3

号，对应地，由它构成的尺度空间也变小，即随着尺度 $j$ 的增大，其尺度空间减小。反之，随着尺度 $j$ 的减小，尺度函数 $\phi_{j,k}(t)$ 的定义域变小，实际的平移间隔也变小，则它的线性组合式(6.11)便能表示函数的更小尺度范围的细微的变化，因此其张成的尺度空间所包含的函数增多，它包括小尺度细微变化信号和大尺度缓变变化信号，对应地，由它构成的尺度空间也变大，即随着尺度 $j$ 的减小，其尺度空间增大。

若 $\phi(t-n)$ 为空间 $V_0$ 的正交基，则 $\phi_{j,k}(t) = 2^{-\frac{j}{2}} \phi(2^{-j}t - k)$ 必为子空间 $V_j$ 的标准正交基。所有闭子空间 $\{V_j, j \in \mathbf{Z}\}$ 都是由统一的尺度函数 $\phi(t)$ 伸缩后的平移系列张成的尺度空间，其相互包含关系如图 6.2 所示，$\cdots \subset V_3 \subset V_2 \subset V_1 \subset V_0 \subset \cdots$，$\phi(t)$ 为多分辨率分析的尺度函数。

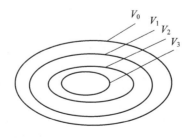

图 6.2　尺度空间的相互包含关系

## 6.3　小波函数与小波空间

多分辨率分析的一系列尺度空间是由同一个尺度函数在不同尺度下张成的。一个多分辨率分析 $\{V_j\}_{j \in \mathbf{Z}}$ 对应一个尺度函数，虽然有 $\bigcup_{j \in \mathbf{Z}} V_j = L^2(\mathbf{R})$，但由 6.3.1 于 $\{V_j, j \in \mathbf{Z}\}$ 空间相互包含，不具有正交性，因此它们的基函数 $\phi_{j,k}(t) = 2^{-\frac{j}{2}} \phi(2^{-j}t - k)$ 在不同尺度空间不具有正交性，故 $\{\phi_{j,k}(t), j, k \in \mathbf{Z}\}$ 不能作为 $L^2(\mathbf{R})$ 空间的正交基。

MRA 的创建者 S.Mallat 注意到，当时人们研究图像的一种很普遍的方法是将图像在不同尺度下分解，并将结果进行比较，以取得有用的信息。而后来 Meyer 正交小波基的提出，使得 Mallat 想到是否用正交小波基的多尺度特性将图像展开，以得到图像不同尺度之间的"信息增量"，这种想法导致了多分辨率分析理论的建立。

为了寻找 $L^2(\mathbf{R})$ 空间的正交基，需要定义尺度空间 $\{V_j, j \in \mathbf{Z}\}$ 的补空间。设 $W_m$ 为 $V_m$ 在 $V_{m-1}$ 中的补空间，如图 6.3 所示，即

$$V_{m-1} = V_m \oplus W_m \text{（或 } V_{m-1} - V_m = W_m) \qquad (W_m \perp V_m) \qquad (6.12)$$

任意子空间 $W_m$ 与 $W_n$ 不相交，故 $W_m$ 与 $W_n$ 空间是相互正交的，即 $W_m \perp W_n$。当 $m \neq n$ 和 $m, n \in \mathbf{Z}$ 时，有

$$L^2(\mathbf{R}) = \bigoplus_{j \in \mathbf{Z}} W_j \qquad (6.13)$$

则 $\{W_j, j \in \mathbf{Z}\}$ 构成了 $L^2(\mathbf{R})$ 的一系列正交子空间，从而有

$$W_0 = V_{-1} - V_0 \qquad (6.14)$$

且

$$W_j = V_{j-1} - V_j \qquad (6.15)$$

若 $f(t) \in W_0$，则 $f(t) \in V_{-1} - V_0$，$f(2^{-j}t) \in V_{j-1} - V_j$，即

$$f(t) \in W_0 \Leftrightarrow f(2^{-j}t) \in W_j \qquad (6.16)$$

若 $\{\psi_{0,k}, k \in \mathbf{Z}\}$ 为空间 $W_0$ 的一组正交基，则对所有尺度 $j \in \mathbf{Z}$，$\{\psi_{j,k}(t) = 2^{-\frac{j}{2}} \psi(2^{-j}t - k), k \in \mathbf{Z}\}$ 必为空间 $W_j$ 的正交基，而 $L^2(\mathbf{R}) = \bigoplus_{j \in \mathbf{Z}} W_j$，则 $\psi_{j,k}(t)$ 的整个集合 $\{\psi_{j,k}(t), j, k \in \mathbf{Z}\}$ 必然构成 $L^2(\mathbf{R})$ 空间的一组正交基。

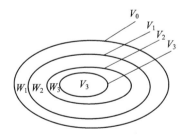

图 6.3　小波空间与尺度空间的正交补关系示意图

$\psi_{j,k}(t)$ 是由同一母小波函数伸缩平移得到的正交小波基，称 $\psi_{j,k}(t)$ 为小波函数，$W_j$ 是尺度为 $j$ 的小波空间。由于小波空间为两个相邻尺度空间的差，因此，函数 $f(x)$ 在相应尺度小波空间上的投影反映了相邻尺度空间的细小差别，故小波空间又称为细节空间。

　　图 6.4 所示为一个被高斯白噪声干扰的调幅调频非平稳信号在不同尺度空间和对应尺度的小波空间展开的概貌与细节。其中：$S$ 是被高斯白噪声干扰的调幅调频信号；$a_1 \sim a_6$ 为相应尺度下的信号逼近部分，也是信号的概貌表示；$d_1 \sim d_6$ 分别是相邻两个大尺度空间的细微差别，即信号的细节表示；cfs 是该信号的连续小波变换系数。

6.3.2

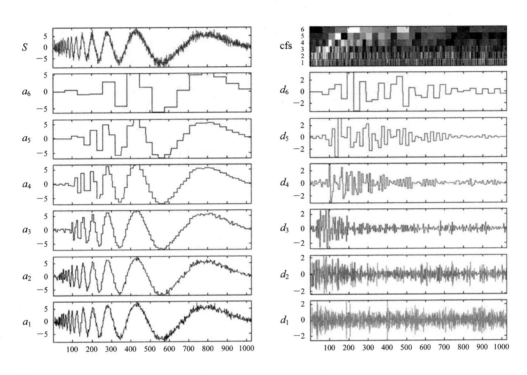

图 6.4　信号在不同尺度空间和小波空间展开的概貌与细节

　　一幅图像的量化级数决定了图像的分辨率。量化级数越高，图像就越清晰，即图像的分辨率越高。任意一幅图像都可以用不同的量化空间来表示。细节比较丰富的部分可用高分辨率来表示，细节比较单一的部分可用低分辨率来表示。将不同的量化级数构成的空间看成不同的多分辨率空间 $V_j$，显然这些量化空间是相互嵌套的。从图像处理的角度看，多分辨率空间的分解可以理解为图像的分解。假设有一幅 256 级量化的图像，不妨将它看成量化空间 $V_j$ 的图像，则可理解为 $V_j$ 空间中的图像有一部分保留在 $V_{j+1}$ 空间中，还有一部分放在 $W_{j+1}$ 空间中，如图 6.5 所示。

　　这里需要说明的是，多尺度分析存在两套符号，分别如下：

　　(1) Daubechies 符号：定义 $V_j$ 子空间的分辨率为 $2^{-j}$，因此，随着 $j$ 的减小，分辨率 $2^{-j}$ 的值增大，即子空间 $V_j$ 对应的分辨率降低。此时，包容性为 $V_j \subset V_{j-1}$，而伸缩性为 $\phi(t) \in V_j \Leftrightarrow \phi(2t) \in V_{j-1}$，并且 $\lim\limits_{j \to \infty} V_j = L^2(\mathbf{R})$。

　　(2) Mallat 符号：定义 $V_j$ 子空间的分辨率为 $2^j$，因此，$j$ 值越小，则 $2^j$ 越小，即子空间 $V_j$ 对应的分辨率越高。此时，包容性为 $V_j \subset V_{j+1}$，而伸缩性为 $\phi(t) \in V_j \Leftrightarrow \phi(2t) \in V_{j+1}$，并且 $\lim\limits_{j \to \infty} V_j = L^2(\mathbf{R})$。（在第 9 讲中将使用 Mallat 符号。）

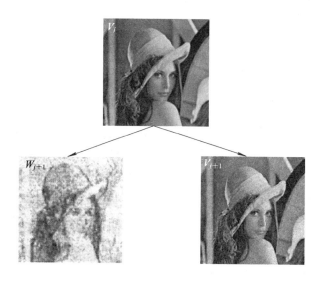

图 6.5  一幅图像在 $V_j$ 空间、$V_{j+1}$ 空间和 $W_{j+1}$ 空间的表示

## 6.4  信号的多尺度分解

多分辨率分析将信号分解成为一个近似粗糙部分和一系列细节部分，这里的粗糙部分对应于信号的低频部分，而细节部分对应于信号的高频部分。与傅里叶分析不同的是，高频部分是分层次的，是在不同分辨率下逐步产生的。

6.4.1

当信号满足 Nyquist 采样要求时，归一化后的频带被限制在 $-\pi \sim \pi$ 之间，如图 6.6(a)所示。仅讨论 $X(\omega)$ 的正频率 $0 \sim \pi$ 部分，此时可以用理想低通滤波器 $H(\omega)$（见图 6.6(b)）和理

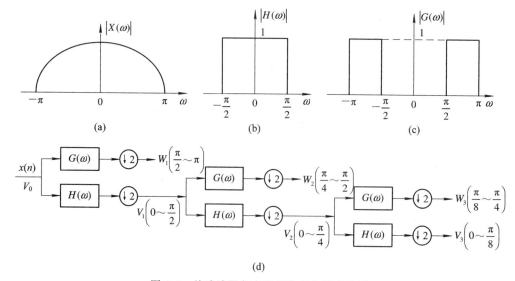

图 6.6  从滤波器角度理解的多分辨率分析

想高通滤波器 $G(\omega)$（见图 6.6(c)）将 $X(\omega)$ 的频带分解为 $0\sim\dfrac{\pi}{2}$ 的低频概貌部分和 $\dfrac{\pi}{2}\sim\pi$ 的高频细节部分。由于 $H(\omega)$ 和 $G(\omega)$ 频带不交叠，因此分解后两路输出部分必定正交。又由于带通信号的采样率取决于带宽而不取决于频率上限，两种输出的带宽均减半，因此采样率可以减半而不丢失信息。图 6.6(d) 中的 ↓2 表示二抽取，也就是将输入序列每隔一个输出一次。类似地，可对每次分解后的低频部分再重复进行下去，即每一级分解把该级输入信号分解成一个低频的粗略近似和一个高频的细节部分，而且每一级输出的采样率都可以再减半，这样就将原始信号进行了多分辨率分解。

　　如果把原始信号的频谱 $X(\omega)$ 的总带宽 $0\sim\pi$ 定义为空间 $V_0$，则经过第一级分解后，$V_0$ 被划分为两个子空间，即低频的 $V_1$ 空间（频带 $0\sim\pi/2$）和高频的 $W_1$ 空间（频带 $\pi/2\sim\pi$）。经过第二级分解后，$V_1$ 空间又被划分为低频的 $V_2$ 空间（频带 $0\sim\pi/4$）和高频的 $W_2$ 空间（频带 $\pi/4\sim\pi/2$）。如此这样分解下去，可以得到如图 6.7 所示的从频带划分的角度理解的尺度空间和小波空间的关系。

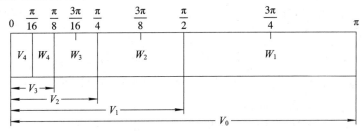

图 6.7　从频带划分的角度理解的多分辨率分析

　　从以上的空间划分可以更好地理解如下的多分辨率分析的定义：

$$V_0 = V_1 \oplus W_1 = V_2 \oplus W_2 \oplus W_1$$
$$= V_3 \oplus W_3 \oplus W_2 \oplus W_1 = \cdots \tag{6.17}$$

对任意函数 $f(t)\in V_0$，将它分解为细节部分 $W_1$ 和大尺度逼近部分 $V_1$，然后将大尺度逼近部分 $V_1$ 进一步分解为细节部分 $W_2$ 和尺度逼近部分 $V_2$，如此重复就可得到任意尺度（或分辨率）上的逼近部分 $V_j$ 和细节部分 $W_j \oplus W_{j-1} \oplus \cdots \oplus W_2 \oplus W_1$，这就是多分辨率分析的框架。

　　对于信号 $S$ 来说，就是将其分解为尺度空间的 $A_1$ 部分和细节空间的 $D_1$ 部分，然后对 $A_1$ 部分再次进行尺度和细节的分解，得到 $A_2$ 和 $D_2$ 两部分，再对 $A_2$ 进行如此分解。图 6.8 所示为信号 $S$ 经过 4 层分解的示意图。

　　若 $f_a^j(t)$ 表示信号 $f(t)$ 向尺度空间 $V_j$ 投影后所得到的 $j$ 尺度下的概貌信号，则

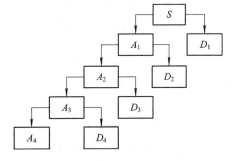

图 6.8　4 层多分辨率分解结构图

$$f_a^j(t) = \sum_k c_{j,k}\phi_k(2^{-j}t) = \sum_k c_{j,k}\phi_{j,k}(t) \tag{6.18}$$

其中

$$c_{j,k} = \langle f(t), \phi_{j,k}(t)\rangle \tag{6.19}$$

$c_{j,k}$ 称为尺度展开系数。

若 $f_d^j(t)$ 表示信号 $f(t)$ 向小波空间 $W_j$ 投影后所得到的该空间下的细节信号，则

$$f_d^j(t) = \sum_k d_{j,k} \psi_k(2^{-j}t) = \sum_k d_{j,k} \psi_{j,k}(t) \tag{6.20}$$

其中

$$d_{j,k} = \langle f(t), \psi_{j,k}(t) \rangle \tag{6.21}$$

$d_{j,k}$ 称为小波展开系数。

若将 $L^2(\mathbf{R})$ 按照式(6.17)表示的组合空间展开，即

$$L^2(\mathbf{R}) = \sum_{j=-\infty}^{J} W_j \oplus V_J \tag{6.22}$$

其中 $J$ 为任意设定的尺度，则对于 $f(t) \in L^2(\mathbf{R})$ 可以展开为

$$f(t) = \sum_{j=-\infty}^{J} \sum_{k=-\infty}^{\infty} d_{j,k} \psi_{j,k}(t) + \sum_{k=-\infty}^{\infty} c_{J,k} \phi_{J,k}(t) \tag{6.23}$$

当 $J \to \infty$ 时，式(6.23)变为

$$f(t) = \sum_{j=-\infty}^{\infty} \sum_{k=-\infty}^{\infty} d_{j,k} \psi_{j,k}(t) \tag{6.24}$$

6.4.3

式(6.24)称为离散正交小波变换，它与多分辨率分析的思想是一致的。多分辨率分析理论为正交小波变换提供了数学理论基础。根据多分辨率子空间的 Riesz 基导入尺度基，又由尺度基产生小波基，这些形成了构造正交小波基的框架，而在此之前，要构造一个正交小波是非常困难的。

6.4.4

图 6.9 是用 haar 小波对汉语字音中的韵母 ong 的一段语音 5 层分解后的波形图。图中 $a_5$ 表示尺度 5 下的语音概貌信号，$d_5$、$d_4$、$d_3$、$d_2$、$d_1$ 分别表示 5 个尺度下的语音细节信号。

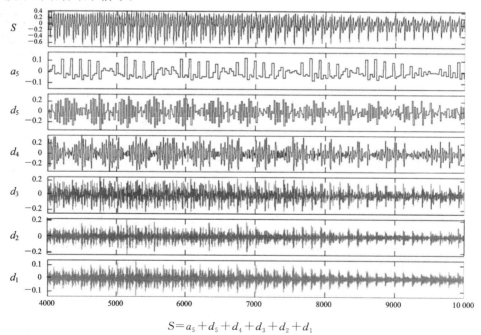

$$S = a_5 + d_5 + d_4 + d_3 + d_2 + d_1$$

图 6.9　一段语音信号尺度分解和小波分解得到的波形图

6.5

## 6.5　尺度函数和小波函数的性质

尺度空间和小波空间是理解多分辨率分析的基础，而尺度函数和小波函数在多分辨率分析中起到了核心作用。在后续的内容中可以看到，在多分辨率分析意义下，尺度函数和小波函数又与信号处理中的低通滤波器和高通滤波器建立了对应关系，且这种对应关系最终导致了信号正交分解与重构的快速算法的实现。

首先回顾泊松公式。泊松公式描述了同一函数的整数平移系列的正交归一性以及两个不同函数之间的正交归一性在频域的表现。具体内容如下：

（1）设 $f(t-k)$，$k \in \mathbf{Z}$ 是一组正交归一化函数集合，即

$$\int_{\mathbf{R}} f(t-k_1) f^*(t-k_2) \mathrm{d}t = \delta(k_1 - k_2) \tag{6.25}$$

则此正交归一性的频域表现为

$$\sum_k |F(\omega + 2k\pi)|^2 = 1 \tag{6.26}$$

其中 $F(\omega)$ 为 $f(t)$ 的傅里叶变换。

（2）设 $f_1(t-k_1)$ 和 $f_2(t-k_2)$ 是两组正交的函数集合，即

$$\int_{\mathbf{R}} f_1(t-k_1) f_2^*(t-k_2) \mathrm{d}t = 0 \qquad (k_1, k_2 \in \mathbf{Z}) \tag{6.27}$$

则此正交归一化的频域表现为

$$\sum_k F_1(\omega + 2k\pi) F_2^*(\omega + 2k\pi) = 0 \tag{6.28}$$

其中 $F_1(\omega)$、$F_2(\omega)$ 分别是 $f_1(t)$、$f_2(t)$ 的傅里叶变换。

式（6.28）的证明如下：

因为

$$f_1(t-k_1) = \frac{1}{2\pi} \int_{\mathbf{R}} F_1(\omega) \mathrm{e}^{jk_1\omega} \mathrm{e}^{j\omega t} \mathrm{d}\omega$$

$$f_2^*(t-k_2) = \frac{1}{2\pi} \int_{\mathbf{R}} F_2^*(\omega') \mathrm{e}^{-jk_2\omega'} \mathrm{e}^{-j\omega' t} \mathrm{d}\omega'$$

而

$$\begin{aligned}
\int_{\mathbf{R}} f_1(t-k_1) f_2^*(t-k_2) \mathrm{d}t &= \frac{1}{4\pi^2} \int_{\mathbf{R}} \left[ \int_{\mathbf{R}} F_1(\omega) \mathrm{e}^{j\omega(k_1+t)} \mathrm{d}\omega \int_{\mathbf{R}} F_2^*(\omega') \mathrm{e}^{-j\omega'(k_2+t)} \mathrm{d}\omega' \right] \mathrm{d}t \\
&= \frac{1}{4\pi^2} \int_{\mathbf{R}} \int_{\mathbf{R}} F_1(\omega) F_2^*(\omega') \left[ \int_{\mathbf{R}} \mathrm{e}^{j(\omega-\omega')t} \mathrm{d}t \right] \mathrm{e}^{j\omega k_1} \mathrm{e}^{-j\omega' k_2} \mathrm{d}\omega \mathrm{d}\omega' \\
&= \frac{1}{2\pi} \int_{\mathbf{R}} \int_{\mathbf{R}} F_1(\omega) F_2^*(\omega') \delta(\omega - \omega') \mathrm{e}^{j\omega k_1} \mathrm{e}^{-j\omega' k_2} \mathrm{d}\omega \mathrm{d}\omega' \\
&= \frac{1}{2\pi} \int_{\mathbf{R}} F_1(\omega) F_2^*(\omega) \mathrm{e}^{j\omega(k_1-k_2)} \mathrm{d}\omega \\
&= \frac{1}{2\pi} \int_0^{2\pi} \left[ \sum_k F_1(\omega + 2k\pi) F_2^*(\omega + 2k\pi) \right] \mathrm{e}^{j\omega(k_1-k_2)} \mathrm{d}\omega \\
&= 0
\end{aligned}$$

故

$$\sum_k F_1(\omega+2k\pi)F_2^*(\omega+2k\pi)=0$$

以上推导过程中利用了以下两个公式：

$$\int_{\mathbf{R}} e^{j(\omega-\omega')t}dt=2\pi\delta(\omega-\omega')$$

$$\int_{\mathbf{R}} x(t)\delta(t-t_0)dt=x(t_0)$$

现在讨论尺度函数 $\phi(t)$ 的平移正交性、小波函数 $\psi(t)$ 的正交性以及尺度函数 $\phi(t)$ 与小波函数 $\psi(t)$ 之间的正交性在频域的表现形式。

对于尺度函数 $\phi_{j,k}(t)=2^{-\frac{j}{2}}\phi(2^{-j}t-k)$，$j,k\in\mathbf{Z}$，在同一尺度下两个尺度函数满足

$$\delta_{0,k}=2^{-j}\int\phi(2^{-j}t)\phi^*(2^{-j}t-k)dt \qquad (j,k\in\mathbf{Z}) \tag{6.29}$$

即同一尺度下尺度函数具有正交归一性，根据泊松公式（6.26），则有

$$\sum_k\big|\Phi(\omega+2k\pi)\big|^2=1 \tag{6.30}$$

关于不同尺度之间的 $\phi_{j,k}(t)$ 和 $\phi_{j',k}(t)$ 不具有正交性，即

$$\delta_{k,k'}\neq 2^{-\frac{j+j'}{2}}\int\phi(2^{-j}t-k)\phi^*(2^{-j}t-k')dt \tag{6.31}$$

对于小波函数 $\psi_{j,k}(t)=2^{-\frac{j}{2}}\psi(2^{-j}t-k)$，对所有 $j,k\in\mathbf{Z}$ 都是相互正交的，即

$$\delta_{j,j',k,k'}=\int\psi_{j,k}(t)\psi_{j',k'}^*(t)dt \tag{6.32}$$

则同一尺度下小波函数满足正交归一性，根据泊松公式（6.26），则有

$$\sum_k\big|\Psi(\omega+2k\pi)\big|^2=1 \tag{6.33}$$

因为在同一尺度下 $W_j\perp V_j$，故同一尺度的小波函数 $\psi_{j,k}(t)$ 和尺度函数 $\phi_{j,k}(t)$ 之间存在正交性，即

$$\int\phi_{j,k}(t)\psi_{j,k}^*(t)dt=0 \tag{6.34}$$

根据泊松公式（6.28），则小波函数与尺度函数之间满足

$$\sum_k\Phi(\omega+2k\pi)\Psi^*(\omega+2k\pi)=0 \tag{6.35}$$

## 思　考　题

1. 尺度空间和小波空间是如何构成的？两者之间的关系是什么？
2. 证明泊松公式（6.25）。
3. 信号或图像在尺度空间和小波空间展开的物理意义是什么？

# 第 7 讲 二尺度方程与正交滤波器组

多分辨率分析理论不仅有助于读者理解小波分析，而且使得构造正交小波有统一可循的方法。然而，多分辨率分析的概念非常抽象，很难直接通过小波框架来构造正交小波，但是可以通过多分辨率分析推出相邻的尺度函数之间以及相邻的尺度函数与小波函数之间的重要关系：二尺度方程（双尺度方程）。二尺度方程是多尺度分析赋予尺度函数 $\phi(t)$ 和小波函数 $\psi(t)$ 的最本质的基本特征，它建立了相邻空间的基函数与滤波器之间的关系。通过求解二尺度方程，就可以求得尺度函数和小波函数。

7.0

本讲首先介绍二尺度方程的时域递推关系；然后对二尺度方程的时域表示进行傅里叶变换，得到二尺度方程的频域表示形式，从而使尺度函数和小波函数与滤波器建立关系；最后讨论正交滤波器组的性质。

## 7.1 二尺度方程的时域表示

二尺度方程是多尺度分析赋予尺度函数 $\phi(t)$ 和小波函数 $\psi(t)$ 的基本特征。

根据多分辨率分析可知，由于尺度函数 $\phi(t) \in V_0$，且 $\phi(t)$ 构成了 $V_0$ 空间的标准正交基，并且 $V_0 \subset V_{-1}$，则尺度函数 $\phi(t)$ 也必然属于 $V_{-1}$ 空间，因此，$\phi(t)$ 也可用 $V_{-1}$ 空间的正交基 $\phi_{j-1,k}(t)$ 线性展开，得到

7.1.1

$$\phi(t) = \sum_n h(n)\phi_{-1,n}(t) = \sqrt{2}\sum_n h(n)\phi(2t-n) \tag{7.1}$$

其中展开系数 $h(n)$ 为

$$h(n) = \langle \phi(t), \phi_{-1,n}(t) \rangle = \langle \phi(t), \sqrt{2}\phi(2t-n) \rangle \tag{7.2}$$

式(7.1)称为尺度函数的二尺度方程的时域表示。尺度函数的二尺度方程揭示了相邻两个尺度空间 $V_{j-1}$ 和 $V_j$ 的基函数 $\phi_{j-1,k}(t)$ 与 $\phi_{j,k}(t)$ 之间的内在关系，并且相邻的两个尺度空间的基函数之间的内在关系由系数 $h(n)$ 来传递。

同理，由于小波函数 $\psi(t) \in W_0$，且 $\psi(t)$ 构成了 $W_0$ 空间的标准正交基，并且 $W_0 \subset V_{-1}$，则小波函数 $\psi(t)$ 也必然属于 $V_{-1}$ 空间，因此，$\psi(t)$ 也可用 $V_{-1}$ 空间的正交基 $\phi_{j-1,k}(t)$ 线性展开，得到

$$\psi(t) = \sum_n g(n)\phi_{-1,n}(t) = \sqrt{2}\sum_n g(n)\phi(2t-n) \tag{7.3}$$

其中展开系数 $g(n)$ 为

$$g(n) = \langle \psi(t), \phi_{-1, n}(t) \rangle = \langle \psi(t), \sqrt{2}\phi(2t - n) \rangle \tag{7.4}$$

式(7.3)称为小波函数的二尺度方程的时域表示。小波函数的二尺度方程描述了相邻的尺度空间 $V_{j-1}$ 和小波空间 $W_j$ 的基函数 $\phi_{j-1, k}(t)$ 与 $\psi_{j, k}(t)$ 之间的内在关系，并且这种内在关系由系数 $g(n)$ 来传递。

需要说明的是，二尺度方程存在于任意相邻的两个尺度 $j$ 和 $j-1$ 之间，即

$$\phi_{j, 0}(t) = \sum_n h(n)\phi_{j-1, n}(t) \tag{7.5}$$

$$\psi_{j, 0}(t) = \sum_n g(n)\phi_{j-1, n}(t) \tag{7.6}$$

式(7.5)描述了两个相邻的尺度空间 $V_{j-1}$ 和 $V_j$ 的基函数 $\phi_{j-1, k}(t)$ 与 $\phi_{j, k}(t)$ 之间的传递关系，这种传递关系由滤波器系数 $h(n)$ 来决定；式(7.6)则描述了相邻的尺度空间 $V_{j-1}$ 和小波空间 $W_j$ 的基函数 $\phi_{j-1, k}(t)$ 与 $\psi_{j, k}(t)$ 之间的传递关系，该传递关系由滤波器系数 $g(n)$ 来决定。展开系数 $h(n)$ 和 $g(n)$ 是由尺度函数和小波函数决定的，且与具体的尺度无关，故称 $h(n)$ 和 $g(n)$ 为滤波器系数。

## 7.2　二尺度方程的频域表示

式(7.1)揭示了两个相邻的尺度空间的基函数 $\phi_{j-1, k}(t)$ 与 $\phi_{j, k}(t)$ 之间的内在关系，而式(7.3)揭示了相邻的尺度空间和小波空间的基函数 $\phi_{j-1, k}(t)$ 与 $\psi_{j, k}(t)$ 之间的内在关系。为了进一步理解二尺度方程的意义以及滤波器

系数 $h(n)$ 和 $g(n)$ 在时域的本质特性，需要在频域进一步研究它们。设 $H(\omega)$ 为 $h(n)$ 的离散时间傅里叶变换，$G(\omega)$ 为 $g(n)$ 的离散时间傅里叶变换，即

$$H(\omega) = \frac{1}{\sqrt{2}}\sum_n h(n)\mathrm{e}^{-\mathrm{j}\omega n} \tag{7.7}$$

$$G(\omega) = \frac{1}{\sqrt{2}}\sum_n g(n)\mathrm{e}^{-\mathrm{j}\omega n} \tag{7.8}$$

这里的定义与通常的离散时间傅里叶变换的定义相差一个常数因子 $\frac{1}{\sqrt{2}}$。$H(\omega)$ 和 $G(\omega)$ 都是以 $2\pi$ 为周期的周期函数。

对式(7.1)和式(7.3)分别取离散时间傅里叶变换，则尺度函数和小波函数的二尺度方程在频域的表示形式为

$$\Phi(\omega) = H\left(\frac{\omega}{2}\right)\Phi\left(\frac{\omega}{2}\right) \tag{7.9}$$

$$\Psi(\omega) = G\left(\frac{\omega}{2}\right)\Phi\left(\frac{\omega}{2}\right) \tag{7.10}$$

式(7.9)的推导过程如下：

因为

$$\phi(t) = \sum_n h(n)\phi_{-1, n}(t) = \sqrt{2}\sum_n h(n)\phi(2t - n)$$

对其两端进行离散时间傅里叶变换,可得

$$\Phi(\omega) = \sqrt{2}\sum_n h(n) \cdot \frac{1}{2}\Phi\left(\frac{\omega}{2}\right)\mathrm{e}^{-\mathrm{j}\frac{\omega}{2}n} = \Phi\left(\frac{\omega}{2}\right)\frac{1}{\sqrt{2}}\sum_n h(n)\mathrm{e}^{-\mathrm{j}\frac{\omega}{2}n} = H\left(\frac{\omega}{2}\right)\Phi\left(\frac{\omega}{2}\right)$$

同理,对式(7.10)也可进行类似证明。

式(7.9)表明,尺度函数 $\Phi\left(\frac{\omega}{2}\right)$ 的频率范围在 $H\left(\frac{\omega}{2}\right)$ 的作用下被缩小一半而成为 $\Phi(\omega)$,所以,$H(\omega)$ 是低通滤波器的频域表现,它在频域的低通作用是通过时域的离散卷积 $\sqrt{2}\sum_n h(n)\phi(2t-n)$ 来实现的;同理,尺度函数 $\Phi\left(\frac{\omega}{2}\right)$ 的频率范围在 $G\left(\frac{\omega}{2}\right)$ 的作用下被缩小一半而成为小波函数 $\Psi(\omega)$,所以,$G(\omega)$ 是高通滤波器的频域表现,它在频域的高通作用是通过时域的离散卷积 $\sqrt{2}\sum_n g(n)\phi(2t-n)$ 来实现的。这样,尺度空间和小波空间的正交基的生成就与滤波器组 $H(\omega)$ 和 $G(\omega)$ 建立了直接的联系。

根据式(7.9)可得如下递推关系:

7.2.2

$$\begin{cases} \Phi(\omega) = H\left(\frac{\omega}{2}\right)\Phi\left(\frac{\omega}{2}\right) \\ \Phi\left(\frac{\omega}{2}\right) = H\left(\frac{\omega}{4}\right)\Phi\left(\frac{\omega}{4}\right) \\ \Phi\left(\frac{\omega}{4}\right) = H\left(\frac{\omega}{8}\right)\Phi\left(\frac{\omega}{8}\right) \\ \quad\quad\quad\quad\vdots \end{cases} \tag{7.11}$$

将上述公式逐次回代,且当 $j\to\infty$ 时,$\Phi\left(\frac{\omega}{2^j}\right)\to\Phi(0)$,则有

$$\Phi(\omega) = \Phi(0)\prod_{j=1}^{\infty}H(2^{-j}\omega)$$

由尺度函数 $\phi(t)$ 的容许条件知

$$\Phi(0) = \int_{\mathbf{R}}\phi(t)\mathrm{d}t = 1$$

所以

$$\Phi(\omega) = \prod_{j=1}^{\infty}H(2^{-j}\omega) \tag{7.12}$$

将式(7.11)的递推关系代入小波函数的二尺度方程式(7.10),可得 $\Psi(\omega)$ 与 $H(\omega)$ 及 $G(\omega)$ 之间的关系:

$$\Psi(\omega) = G\left(\frac{\omega}{2}\right)\prod_{j=2}^{\infty}H(2^{-j}\omega) \tag{7.13}$$

式(7.12)说明尺度函数 $\phi(t)$ 的频谱 $\Phi(\omega)$ 完全由滤波器 $H(\omega)$ 所决定。也就是说,如果滤波器 $H(\omega)$ 给定,则尺度函数的频谱 $\Phi(\omega)$ 就唯一确定,通过对其进行傅里叶反变换,即可得到尺度函数 $\phi(t)$。因此,一个合适的尺度函数的产生归结为滤波器 $H(\omega)$ 的设计。同样,式(7.13)说明小波函数的频谱也仅仅取决于滤波器组 $H(\omega)$ 和 $G(\omega)$。这样,尺度函数和小波函数就与滤波器组建立了关联。下面进一步讨论滤波器组 $H(\omega)$ 和 $G(\omega)$ 的性质。

## 7.3　正交滤波器组的性质

### 7.3.1　滤波器系数 $h(n)$ 和 $g(n)$ 的性质

7.3.1

滤波器系数 $h(n)$ 和 $g(n)$ 具有如下性质:

(1) $h(n)$ 的总和与 $g(n)$ 的总和分别为

$$\sum_n h(n) = \sqrt{2} \tag{7.14}$$

$$\sum_n g(n) = 0 \tag{7.15}$$

**证明**　将式(7.5)和式(7.6)两边同时对 $t$ 进行积分,可得

$$\int_{\mathbf{R}} \phi_{j,0}(t)\,\mathrm{d}t = \sum_n h(n) \int_{\mathbf{R}} \phi_{j-1,n}(t)\,\mathrm{d}t \tag{7.16}$$

$$\int_{\mathbf{R}} \psi_{j,0}(t)\,\mathrm{d}t = \sum_n g(n) \int_{\mathbf{R}} \phi_{j-1,n}(t)\,\mathrm{d}t \tag{7.17}$$

又

$$\int_{\mathbf{R}} \phi_{j-1,n}(t)\,\mathrm{d}t = 2^{-\frac{j-1}{2}} \int_{\mathbf{R}} \phi\left[2^{-(j-1)}t - n\right]\,\mathrm{d}t$$

$$\xrightarrow{\ 令 t' = 2t\ } \sqrt{2} \int_{\mathbf{R}} 2^{-\frac{j}{2}} \phi(2^{-j}t' - n)\,\frac{1}{2}\,\mathrm{d}t'$$

$$= \frac{1}{\sqrt{2}} \int_{\mathbf{R}} \phi_{j,n}(t)\,\mathrm{d}t$$

$$= \frac{1}{\sqrt{2}} \int_{\mathbf{R}} \phi_{j,0}(t)\,\mathrm{d}t$$

将上式代入式(7.16),则式(7.14)得证。同样,将 $\displaystyle\int_{\mathbf{R}} \psi(t)\,\mathrm{d}t = 0$ 代入式(7.17),则式(7.15)得证。

(2) $h(n)$ 和 $g(n)$ 满足偶次移位正交性。

① 根据同一尺度下的尺度函数的平移正交性,可推得

$$\langle h(n-2k), h(n-2l)\rangle = \delta(k-l) \tag{7.18}$$

式(7.18)说明滤波器系数 $h(n)$ 满足偶次移位正交性。

② 根据同一尺度下的小波函数的正交性,可推得

$$\langle g(n-2k), g(n-2l)\rangle = \delta(k-l) \tag{7.19}$$

式(7.19)说明滤波器系数 $g(n)$ 满足偶次移位正交性。

③ 根据同一尺度下的尺度函数和小波函数的正交性,可推得

$$\langle h(n-2k), g(n-2l)\rangle = 0 \tag{7.20}$$

式(7.20)说明滤波器系数 $h(n)$ 和 $g(n)$ 之间满足偶次移位正交性。

### 7.3.2　滤波器 $H(\omega)$ 和 $G(\omega)$ 的通带特点

令式(7.7)中的 $\omega = 0$,则

7.3.2

$$H(\omega = 0) = \frac{1}{\sqrt{2}} \sum_n h(n) e^{-j\omega n} = \frac{1}{\sqrt{2}} \sum_n h(n) = 1 \qquad (7.21)$$

说明 $H(\omega)$ 是一个低通滤波器，它对应于尺度函数的低通特性，即

$$\int_{\mathbf{R}} \phi(t) dt = 1 \Rightarrow \Phi(0) = 1$$

同理，令式(7.8)中的 $\omega = 0$，则

$$G(\omega = 0) = \frac{1}{\sqrt{2}} \sum_n g(n) e^{-j\omega n} = \frac{1}{\sqrt{2}} \sum_n g(n) = 0 \qquad (7.22)$$

说明 $G(\omega)$ 是一个高通或带通滤波器，它对应于小波函数的带通性，即

$$\int_{\mathbf{R}} \psi(t) dt = 0 \Rightarrow \Psi(0) = 0$$

### 7.3.3 滤波器 $H(\omega)$ 和 $G(\omega)$ 之间的关系

7.3.3

滤波器 $H(\omega)$ 和 $G(\omega)$ 之间满足如下关系：

$$|H(\omega)|^2 + |H(\omega + \pi)|^2 = 1 \qquad (7.23)$$

$$|G(\omega)|^2 + |G(\omega + \pi)|^2 = 1 \qquad (7.24)$$

$$H(\omega)G^*(\omega) + H(\omega + \pi)G^*(\omega + \pi) = 0 \qquad (7.25)$$

**证明** 先证明式(7.23)。根据尺度函数的二尺度方程的频域表示式(7.9)，有

$$|\Phi(2\omega)|^2 = |H(\omega)|^2 |\Phi(\omega)|^2 \qquad (7.26)$$

由于尺度函数 $\phi(t)$ 满足偶次移位正交性，因此由泊松公式可得，对于任意的 $\omega$，有

$$\sum_l |\Phi(\omega + 2\pi l)|^2 = 1 \qquad (7.27)$$

由于式(7.27)对所有的 $\omega$ 均成立，因此可以把式(7.27)中的 $\omega$ 换成 $2\omega$，即

$$\sum_l |\Phi(2\omega + 2\pi l)|^2 = 1 \qquad (7.28)$$

将式(7.26)代入式(7.28)，有

$$\sum_l |\Phi(2\omega + 2\pi l)|^2 = \sum_l |H(\omega + \pi l)|^2 |\Phi(\omega + \pi l)|^2 = 1 \qquad (7.29)$$

将式(7.29)按奇偶项分开，即

$$\sum_k |H(\omega + 2\pi k)|^2 |\Phi(\omega + 2\pi k)|^2 + \sum_k |H[\omega + (2k+1)\pi]|^2 |\Phi[\omega + (2k+1)\pi]|^2 = 1$$

由于 $H(\omega)$ 以 $2\pi$ 为周期，则

$$|H(\omega)|^2 \sum_k |\Phi(\omega + 2\pi k)|^2 + |H(\omega + \pi)|^2 \sum_k |\Phi[\omega + (2k+1)\pi]|^2 = 1$$

且知

$$\sum_k |\Phi(\omega + 2\pi k)|^2 = \sum_k |\Phi(\omega + 2\pi k + \pi)|^2 = 1$$

故

$$|H(\omega)|^2 + |H(\omega + \pi)|^2 = 1$$

至此，式(7.23)得证。

当希望所构造的小波函数 $\psi(t)$ 为标准正交基时，对于任意的 $\omega$，其傅里叶变换 $\Psi(\omega)$ 满足

$$\sum_k \left| \Psi(\omega + 2k\pi) \right|^2 = 1$$

利用小波函数二尺度方程的频域表示，采用完全类似的推导方法，可得到关于滤波器$G(\omega)$的重要关系式：

$$\left| G(\omega) \right|^2 + \left| G(\omega + \pi) \right|^2 = 1$$

根据尺度函数与小波函数的正交性可得，对于任意的$\omega$，有

$$\sum_{k=-\infty}^{\infty} \Phi(\omega + 2k\pi) \Psi^*(\omega + 2k\pi) = 0$$

注意到$H(\omega)$和$G(\omega)$都是周期为$2\pi$的周期函数，并利用尺度函数的二尺度方程式(7.9)和小波函数的二尺度方程(7.10)，可以证明

$$\sum_{k=-\infty}^{\infty} \Phi(2\omega + 2k\pi) \Psi^*(2\omega + 2k\pi) = 0$$

$$\sum_{k=-\infty}^{\infty} H(\omega + k\pi) \Phi(\omega + k\pi) \cdot G^*(\omega + k\pi) \Phi^*(\omega + k\pi) = 0$$

$$\sum_{k=-\infty}^{\infty} H(\omega + 2k\pi) G^*(\omega + 2k\pi) \left| \Phi(\omega + 2k\pi) \right|^2$$
$$+ \sum_{k=-\infty}^{\infty} H[\omega + (2k+1)\pi] G^*[\omega + (2k+1)\pi] \left| \Phi[\omega + (2k+1)\pi] \right|^2$$
$$= 0$$

由于$H(\omega)$和$G(\omega)$都是以$2\pi$为周期的，因此有

$$H(\omega)G^*(\omega) \sum_{k=-\infty}^{\infty} \left| \Phi(\omega + 2k\pi) \right|^2 + H(\omega + \pi)G^*(\omega + \pi) \sum_{k=-\infty}^{\infty} \left| \Phi[\omega + (2k+1)\pi] \right|^2 = 0$$

又知

$$\sum_k \left| \Phi(\omega + 2\pi k) \right|^2 = \sum_k \left| \Phi(\omega + 2\pi k + \pi) \right|^2 = 1$$

则有

$$H(\omega)G^*(\omega) + H(\omega + \pi)G^*(\omega + \pi) = 0$$

式(7.23)、式(7.24)及式(7.25)一起组成了构造标准正交小波时，滤波器组$H(\omega)$和$G(\omega)$必须满足的三个条件，它们分别来自尺度函数$\phi(t)$的标准正交性、小波函数$\psi(t)$的标准正交性以及尺度函数与小波函数之间的正交性。

容易验证，当滤波器$H(\omega)$满足式(7.23)的条件时，滤波器组$H(\omega)$和$G(\omega)$有以下的显式关系：

$$G(\omega) = e^{-j\omega} H^*(\omega + \pi) \tag{7.30}$$

7.3.4

按照式(7.30)组成的滤波器组$H(\omega)$和$G(\omega)$不仅是式(7.25)的一个解，而且当$G(\omega)$在满足式(7.24)的前提下，同样满足式(7.25)时，与滤波器$H(\omega)$有如下关系：

$$G(\omega) = - e^{-j\omega} H^*(\omega + \pi) \tag{7.31}$$

根据式(7.30)和式(7.31)所表达的滤波器组$H(\omega)$和$G(\omega)$的关系，常称$G(\omega)$是$H(\omega)$的镜像滤波器。这样，滤波器组$H(\omega)$和$G(\omega)$的设计可以得到简化，即先设计满足式(7.23)的滤波器$H(\omega)$，再利用$G(\omega) = \pm e^{-j\omega} H^*(\omega + \pi)$的关系，直接计算得到滤波器$G(\omega)$。

下面分析滤波器组的系数 $h(n)$ 和 $g(n)$ 之间的显式关系。

当取 $G(\omega)=\mathrm{e}^{-\mathrm{j}\omega}H^*(\omega+\pi)$ 时，有

$$
\begin{aligned}
G(\omega) &= \mathrm{e}^{-\mathrm{j}\omega}H^*(\omega+\pi) \\
&= \mathrm{e}^{-\mathrm{j}\omega}\frac{1}{\sqrt{2}}\sum_{m=-\infty}^{\infty}h^*(m)\mathrm{e}^{\mathrm{j}(\omega+\pi)m} \\
&= \frac{1}{\sqrt{2}}\sum_{m=-\infty}^{\infty}(-1)^m\cdot h^*(m)\mathrm{e}^{-\mathrm{j}(1-m)\omega}
\end{aligned}
$$

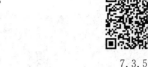

7.3.5

令 $1-m=n$，则有

$$
G(\omega)=\frac{1}{\sqrt{2}}\sum_{n=-\infty}^{\infty}(-1)^{1-n}h^*(1-n)\mathrm{e}^{-\mathrm{j}\omega n} \tag{7.32}
$$

而

$$
G(\omega)=\frac{1}{\sqrt{2}}\sum_{n=-\infty}^{\infty}g(n)\mathrm{e}^{-\mathrm{j}\omega n} \tag{7.33}
$$

比较式(7.32)和式 (7.33)中 $\mathrm{e}^{-\mathrm{j}\omega n}$ 的系数，可得两个滤波器系数 $h(n)$ 和 $g(n)$ 之间的关系为

$$
g(n)=(-1)^{1-n}h^*(1-n) \qquad (n\in\mathbf{Z}) \tag{7.34}
$$

类似地，若取 $G(\omega)=-\mathrm{e}^{-\mathrm{j}\omega}H^*(\omega+\pi)$，则有

$$
g(n)=(-1)^{-n}h^*(1-n) \qquad (n\in\mathbf{Z}) \tag{7.35}
$$

## 思　考　题

1. 二尺度方程的物理意义是什么？
2. 如何理解"尺度函数和小波函数的设计等价于滤波器组 $H(\mathrm{j}\omega)$ 和 $G(\mathrm{j}\omega)$ 的设计"？
3. 滤波器 $H(\mathrm{j}\omega)$ 和 $G(\mathrm{j}\omega)$ 之间的关系是什么？你是如何理解的？

# 第8讲　正交小波基的构造

正交小波分解具有良好的性质，并且由 Mallat 快速算法提供正交小波分解和重构的递推实现。为了应用正交小波分析处理实际问题，首先必须构造正交小波。在正交小波构造过程中，有时要求它有良好的时频局部性；有时要求它具有有限的支集，以减少 Mallat 快速算法的计算量；有时还要求正交小波具有足够的光滑度，以提高描述信号的精度。

本讲讨论在 MRA 框架下构造正交小波基的方法。由于 MRA 框架既可以由尺度函数生成，又可以由正交滤波器组$(H(\omega),G(\omega))$生成，因此，本讲首先从尺度函数和滤波器组分别讨论构造正交小波基的方法；其次介绍由 B 样条函数构造正交小波基的方法；最后介绍紧支集正交小波基的构造方法。

## 8.1　构造正交小波基的途径

8.1

由 MRA 可知，尺度函数$\phi(t)$和小波函数$\psi(t)$满足二尺度方程，因此通过求解二尺度方程可以构造出小波函数，并通过伸缩平移即可得到整个$L^2(\mathbf{R})$空间的基。

构造正交小波基的途径如图 8.1 所示。由图可知，有两个途径构造尺度函数：一是从$|H(\omega)|^2+|H(\omega+\pi)|^2=1$开始，解得滤波器$H(\omega)$后，利用二尺度方程$\Phi(\omega)=\prod\limits_{k=1}^{\infty}H\left(\dfrac{\omega}{2^k}\right)$得到尺度函数的频谱，通过傅里叶反变换得到尺度函数$\phi(t)$；二是通过$V_0$空间的 Riesz 基构造尺度函数$\phi(t)$。在得到尺度函数的频谱$\Phi(\omega)$后，根据$G(\omega)=\mathrm{e}^{-\mathrm{j}\omega}H^*(\omega+\pi)$求

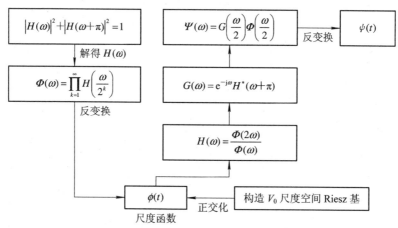

图 8.1　构造正交小波基的途径

得滤波器 $G(\omega)$，然后按照 $\Psi(\omega) = G\left(\dfrac{\omega}{2}\right)\Phi\left(\dfrac{\omega}{2}\right)$ 得到小波函数的频谱，再经过傅里叶反变换得到小波函数 $\psi(t)$。

## 8.2　由尺度函数构造正交小波基

由正交尺度函数 $\{\phi(t-k), k \in \mathbf{Z}\}$ 构造正交小波基的步骤如下：

（1）选择尺度函数 $\phi(t)$，使其整数平移系列 $\{\phi(t-k), k \in \mathbf{Z}\}$ 成为一组正交基。

8.2.1

（2）通过 $h(n) = \langle \phi(t), \phi_{-1,n}(t)\rangle$ 得到低通滤波器系数 $h(n)$。

（3）利用两个滤波器的系数关系 $g(n) = (-1)^n h^*(1-n)$，由 $h(n)$ 求得高通滤波器系数 $g(n)$。

（4）由高通滤波器系数 $g(n)$ 和尺度函数 $\phi(t)$ 的关系 $\psi(t) = \sum\limits_n g(n)\phi_{-1,n}(t)$ 构造正交小波基函数 $\psi(t)$。

下面说明利用尺度函数构造 Haar 小波的过程。

首先，在时域选择标准正交的尺度函数：

8.2.2

$$\phi(t) = \begin{cases} 1 & (0 \leqslant t \leqslant 1) \\ 0 & (\text{其他}) \end{cases}$$

尺度函数的波形如图 8.2(a) 所示。显然，$\{\phi(t-k), k \in \mathbf{Z}\}$ 为一组正交归一基，则

$$h(n) = \langle \phi(t), \phi_{-1,n}(t)\rangle = \sqrt{2}\int \phi(t)\phi^*(2t-n)\mathrm{d}t = \begin{cases} \dfrac{1}{\sqrt{2}} & (n = 0, 1) \\ 0 & (\text{其他}) \end{cases}$$

然后，根据 $h(n)$ 求得高通滤波器系数 $g(n)$，即

$$g(n) = (-1)^n h(1-n) = \begin{cases} \dfrac{1}{\sqrt{2}} & (n = 0) \\ \dfrac{1}{-\sqrt{2}} & (n = 1) \\ 0 & (\text{其他}) \end{cases}$$

最后，由 $\psi(t) = \sum\limits_n g(n)\phi_{-1,n}(t)$ 可得小波函数为

$$\begin{aligned} \psi(t) &= \sqrt{2}\sum_n h(n)\phi(2t-n) \\ &= \phi(2t) - \phi(2t-1) \\ &= \phi_{-1,0}(t) - \phi_{-1,1}(t) \\ &= \begin{cases} 1 & \left(0 \leqslant t \leqslant \dfrac{1}{2}\right) \\ -1 & \left(\dfrac{1}{2} \leqslant t \leqslant 1\right) \\ 0 & (\text{其他}) \end{cases} \end{aligned}$$

这就是 Haar 小波函数,其波形如图 8.2(b)所示 。

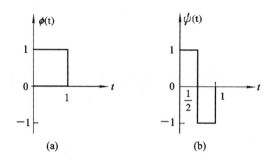

图 8.2　Haar 的尺度函数与小波函数

Haar 小波函数在时域的支集很短,局部分析能力强,但光滑程度很差,仅有一阶消失矩,这会导致在频域的衰减速度慢,使频域的局部分析能力变差。

为了与 Haar 小波进行对比,下面介绍时域光滑性好的 Shannon 正交小波的构造过程。当满足采样定理的条件时,连续信号 $f(t)$ 可以根据离散采样值完全重构,即

$$f(t) = \sum_n f(n)\phi(t-n) = \sum_n f(n)\frac{\sin\pi(t-n)}{\pi(t-n)} \qquad (8.1)$$

8.2.3

令尺度函数 $\phi(t) = \dfrac{\sin\pi t}{\pi t}$,则由傅里叶变换知

$$\Phi(\omega) = \begin{cases} 1 & (|\omega| \leqslant \pi) \\ 0 & (\text{其他}) \end{cases}$$

显然,$\Phi(\omega)$ 是关于平移量的 $2n\pi$ 正交基,即

$$\langle \Phi(\omega), \Phi(\omega - 2n\pi) \rangle = 2\pi\delta_{0,n}$$

根据 Parseval 等式,傅里叶变换前后内积性质不变,则 $\phi(t)$ 关于平移量 $n$ 是标准正交的,即

$$\langle \phi(t), \phi(t-n) \rangle = \delta_{0,n}$$

所以,$\{\phi(t-n)\}$ 构成 MRA 中 $V_0$ 空间的标准正交基,不仅如此,$\phi(t)$ 还是一种插值型基函数。只要能推导出尺度函数 $\phi(t)$ 满足的二尺度方程,就可以确定低通滤波器系数 $\{h(n)\}$,进而求得高通滤波器系数 $\{g(n)\}$,从而得到正交小波函数 $\psi(t)$。

因为 $\phi(t) \in V_0 \subset V_{-1}$,所以 $\phi(t)$ 也可以用基函数 $\{\phi(2t-n)\}$ 按照式(8.1)展开为

$$\phi(t) = \sum_n \phi\left(\frac{n}{2}\right)\phi(2t-n)$$

$$= \sum_n \frac{\sin\frac{n\pi}{2}}{\frac{n\pi}{2}}\phi(2t-n)$$

$$= \phi(2t) + \sum_k \frac{2(-1)^k}{(2k+1)\pi}\phi(2t-2k-1) \qquad (8.2)$$

式(8.2)中 $n$ 取偶数时为零。将式(8.2)与二尺度方程

$$\phi(t) = \sum_n h(n)\phi(2t-n)$$

对照，可得 $\{h(n)\}$，具体如下：

$$h(n) = \begin{cases} 1 & (n = 0) \\ 0 & (n = 2k) \\ \dfrac{2(-1)^n}{2n+1} & (n = 2k+1) \end{cases}$$

利用 $g(n) = (-1)^n h^*(1-n)$，可推导出小波函数 $\psi(t)$ 的表达式，即

$$\begin{aligned} \psi(t) &= \sum_n g(n)\phi(2t-n) \\ &= \sum_n (-1)^n h(1-n)\phi(2t-n) \\ &= \sum_k (-1)^k h(2k+1)\phi(2t+2k) - h(0)\phi(2t-1) \\ &= 2\sum_k \frac{(-1)^k \sin(2t+2k)\pi}{(2k+1)\pi(2t+2k)\pi} - \frac{\sin 2\pi(t-1/2)}{2\pi(t-1/2)} \\ &= \frac{\sin\pi(t-1/2) - \sin 2\pi(t-1/2)}{\pi(t-1/2)} \end{aligned} \tag{8.3}$$

对式 $(8.3)$ 进行傅里叶变换，得

$$\varPsi(\omega) = \mathrm{e}^{-\mathrm{j}\pi\omega/2}\left[\varPhi(\omega) - \varPhi\left(\frac{\omega}{2}\right)\right]$$

Shannon 正交尺度函数 $\phi(t)$ 以及正交小波函数 $\psi(t)$ 在时域和频域的图形如图 8.3 所示。

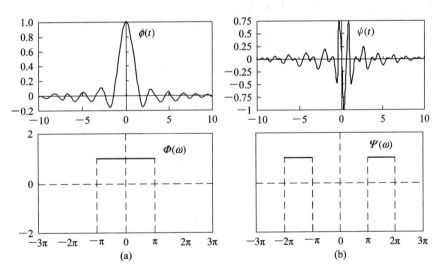

图 8.3　Shannon 正交尺度函数 $\phi(t)$ 以及正交小波函数 $\psi(t)$ 及其频谱
（a）正交尺度函数 $\phi(t)$ 及其频谱；（b）正交小波函数 $\psi(t)$ 及其频谱

Shannon 正交尺度函数 $\phi(t)$ 以及正交小波函数 $\psi(t)$ 在频域的局部化能力较强，但其时域的支集长度是无限的，即时域局部化能力较差。然而，Shannon 正交尺度函数 $\phi(t)$ 以及正交小波函数 $\psi(t)$ 的光滑性很好，有无穷阶消失矩。

## 8.3　由B样条函数构造正交小波基

在曲线拟合中，样条函数是使拟合出的曲线不仅本身光滑，而且其导数也平滑的函数。因此，样条函数本身是一个低通函数，不是带通函数，不能用作小波函数。但是，由样条函数能导出一组带通性质的小波函数。在小波分析中常用的是B样条函数，其原因如下：

8.3.1

（1）以B样条为基底的多项式样条可以给出信号的二进尺度下的多分辨率分析；

（2）B样条函数在阶数充分大时可以充分逼近高斯函数，所以在基于高斯函数的算法中可使用B样条函数；

（3）B样条函数结构简单，具有紧支集，便于计算机处理。

由于样条函数具有一系列优点，因此它不仅在小波分析中扮演重要角色，还在许多其他的工程数学中有广泛应用。下面先介绍常用的样条函数的定义和时域波形特点。

1阶样条(零次样条)是矩形函数，其形式为

$$\Omega_1(t)=\begin{cases}1 & \left(|t|\leqslant\dfrac{1}{2}\right)\\[2mm]0 & \left(|t|>\dfrac{1}{2}\right)\end{cases}$$

2阶样条(或称为线性样条)的形式为

$$\Omega_2(t)=(\Omega_1*\Omega_1)(t)=\begin{cases}1-|t| & (|t|<1)\\[2mm]0 & (|t|\geqslant 1)\end{cases}$$

3阶样条(或称为2次样条)的形式为

$$\Omega_3(t)=(\Omega_2*\Omega_1)(t)=\begin{cases}\dfrac{t^2}{2}-\dfrac{3|t|}{2}+\dfrac{9}{8} & \left(\dfrac{1}{2}\leqslant|t|\leqslant\dfrac{3}{2}\right)\\[3mm]-t^2+\dfrac{3}{4} & \left(|t|<\dfrac{1}{2}\right)\\[3mm]0 & \left(|t|>\dfrac{3}{2}\right)\end{cases}$$

4阶样条(或称为3次样条)的形式为

$$\Omega_4(t)=(\Omega_3*\Omega_1)(t)=\begin{cases}-\dfrac{|t|^3}{6}+t^2-2|t|+\dfrac{4}{3} & (1<|t|<2)\\[3mm]\dfrac{|t|^3}{2}-t^2+\dfrac{2}{3} & (|t|<1)\\[3mm]0 & (|t|\geqslant 2)\end{cases}$$

$\Omega_1(t)\sim\Omega_4(t)$的图形如图8.4所示。由图8.4可知，样条函数 $\Omega_m(t)$ 都是偶对称函数；函数值局部非零的范围是有限的，即它是紧支集函数；样条函数在 $t=0$ 处取得最大值且快速地向两边单调衰减；阶数越大，$\Omega_m(t)$ 越光滑，但支集越长。

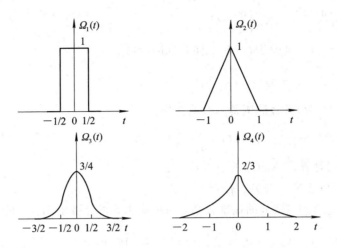

图 8.4　$\Omega_1(t) \sim \Omega_4(t)$ 的图形

由于样条函数 $\Omega_m(t)$ 的定义域为 $\left[-\dfrac{m}{2}, \dfrac{m}{2}\right]$，为了让样条函数的定义域表示为 $[0, m]$ 的整节点形式，现修改样条函数的定义如下：

$$N_1(t) = \begin{cases} 1 & (0 \leqslant t \leqslant 1) \\ 0 & (\text{其他}) \end{cases}$$

$$N_m(t) = (N_{m-1} * N_1)(t) = \int_0^1 N_{m-1}(t-x)\,\mathrm{d}x$$

$N_1(t) \sim N_4(t)$ 的图形如图 8.5 所示。

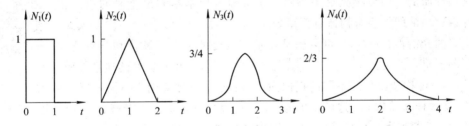

图 8.5　$N_1(t) \sim N_4(t)$ 的图形

对比 $N_m(t)$ 和 $\Omega_m(t)$ 不难发现：$N_1(t)$ 是 $\Omega_1(t)$ 向右平移 $1/2$ 个单位的结果，是定义在 $[0,1]$ 上的特殊函数，$\{N_1(t+1/2-l)\}$ 是 Riesz 基，用它可方便地构造阶梯函数；$N_2(t)$ 是山形函数，它是 $\Omega_2(t)$ 向右平移 1 个单位的结果，由于 Riesz 基函数 $N_1(t)$ 的卷积 $(N_1 * N_1)(t)$ 仍是 Riesz 基函数，因此 $\{N_2(t+1-l)\}$ 仍是 Riesz 基，用它可方便地构造线性插值函数，即折线函数；同样，$N_m(t)$ 是 $\Omega_m(t)$ 向右平移 $m/2$ 个单位的结果，$\{N_m(t+m/2-l)\}$ 是 Riesz 基，随着 $m$ 的增大，用它所构造的函数也越来越光滑。

样条函数除了具有 Riesz 基的特征外，还具有下述一些良好的性质，这些性质为数学推演和定量表示提供了方便。

**性质 1**　$N_m(t)$ 的支集为 $[0, m]$，即 $\mathrm{supp}N_m(t) = [0, m]$。

性质 1 表明 $N_m(t)$ 具有紧支集，但支集长度随阶数 $m$ 而增加。

**性质 2**　$N_m\left(\dfrac{m}{2}+t\right)=N_m\left(\dfrac{m}{2}-t\right)$。

性质 2 表明 $N_m(t)$ 是关于 $t=m/2$ 偶对称的函数。

**性质 3**　$\displaystyle\sum_{k=-\infty}^{\infty}N_m(t-k)=1,\int_{\mathbf{R}}N_m(t)\mathrm{d}t=1$。

性质 3 表明 $N_m(t)$ 具有插值基函数的性质。

**性质 4**　$N_m(t)=\dfrac{t}{m-1}N_{m-1}(t)+\dfrac{m-t}{m-1}N_{m-1}(t-1)$。

利用性质 4 可计算出 $N_m(t)$ 的节点数值表。

**性质 5**　$N_m'(t)=N_{m-1}(t)-N_m(t-1)$。

性质 5 表明了 $N_m(t)$ 微分的递推关系。利用性质 5 可计算出 $N_m'(t)$ 的节点数值表。

**性质 6**　$\displaystyle\int_{\mathbf{R}}g^{(m)}(t)N_m(t)\mathrm{d}t=\sum_{k=0}^{m}(-1)^{m-k}\binom{m}{k}g(k)$。

性质 6 表明了 $N_m(t)$ 和 $g(t)$ 的积分规则。

**性质 7**　$\displaystyle\int_{\mathbf{R}}N_m(t)N_m(t-n)\mathrm{d}t=N_{2m-1}(m-n)$。

性质 7 表明了 $N_m(t)$ 作内积时的简单计算规则。

**性质 8**　$\hat{N}_m(\omega)=\left(\dfrac{1-\mathrm{e}^{-\mathrm{j}\omega}}{\mathrm{j}\omega}\right)^m=\left(\dfrac{\sin\dfrac{\omega}{2}}{\dfrac{\omega}{2}}\right)^m\mathrm{e}^{-\mathrm{j}\frac{m}{2}\omega}$。

性质 8 说明可利用样条函数的卷积定义得到其频谱。

　　这些性质的证明可参见有关书籍。样条函数最基本和最重要的应用在
于，用 $N_m(t)$ 的线性组合构造近似函数 $f^j(t)$，且 $f^j(t)$ 是 $m-1$ 次多项式，
具有良好的光滑性；$f^j(t)$ 还可以满足在整节点处的关于函数值和导数值方
面的强制要求，扩大了 $f^j(t)$ 的应用范围。由于 $N_m(t)$ 具有良好的递推性质，
因此，$f^j(t)$ 可构造出形式不同的近似插值函数。在具体应用样条插值时，可固定分划尺度
指标 $j$，增大样条阶数 $m$，这样得到的 $f^j(t)$ 可以更好地逼近光滑函数 $f(t)$；也可以固定样
条阶数 $m$，不断加大分划尺度指标 $j$，即加密分划，这样得到的 $\{f^j(t)\}$ 是对 $f(t)$ 的一种多
尺度逼近。图 8.6 所示为用一阶 B 样条函数作为尺度函数的多尺度逼近示意图。

8.3.2

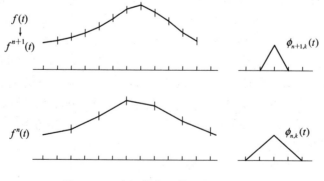

图 8.6　一阶 B 样条函数的多尺度逼近

　　一般情况下，要找到一个多分辨率分析的尺度函数 $\phi(t)$，使其整数平移构成一个正交系，有时候不太方便。但要找到一个函数，使它的整数平移构成一个 Riesz 基相对来说容易些。下面讨论如何由 Riesz 基 $\{\phi(t-k),k\in\mathbf{Z}\}$ 来构造一个多分辨率分析框架，从而构造一组正交小波基。

　　不正交的 Riesz 基在频域的等价表现形式为

$$A\leqslant\sum_n|\Phi(\omega+2n\pi)|^2\leqslant B$$

　　利用 B 样条函数作为尺度函数可构造出一系列的 Battle-Lemarie 小波函数。除了 $N_1(t)$ 具有 $V_0$ 空间的正交基外，$m>1$ 的 B 样条函数的整数平移序列都不能构成 $V_0$ 空间的标准正交基，必须对其进行正交化处理后才能作为尺度函数。

　　下面以构造 Battle-Lemarie 小波系列为例，说明具体构造过程。

　　尺度函数取一阶 B 样条函数，如图 8.7 所示，即

$$\phi(t)=\begin{cases}1-|t| & (0\leqslant|t|\leqslant1)\\0 & \text{（其他）}\end{cases} \tag{8.4}$$

8.3.3

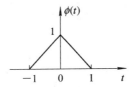

图 8.7　一阶 B 样条函数作为尺度函数

由图 8.7 可知，

$$\phi(t)=\frac{1}{2}\phi(2t+1)+\phi(2t)+\frac{1}{2}\phi(2t-1)$$

由于式(8.4)的傅里叶变换为

$$\Phi(\omega)=\left(\frac{\sin\dfrac{\omega}{2}}{\dfrac{\omega}{2}}\right)^2 \tag{8.5}$$

并且

$$\sum_{l\in\mathbf{Z}}|\Phi(\omega+2\pi l)|^2=\frac{2}{3}+\frac{1}{3}\cos\omega=\frac{1}{3}\left(1+2\cos^2\frac{\omega}{2}\right)$$

由式(8.4)可知，$\phi(t-k)$ 不是一个正交系列，因此需要先对其进行正交化处理，令

$$\Phi^{\#}(\omega)=\sqrt{3}\,\frac{4\sin^2\dfrac{\omega}{2}}{\omega^2\left(1+2\cos^2\dfrac{\omega}{2}\right)^{\frac{1}{2}}} \tag{8.6}$$

式(8.6)的傅里叶反变换就是所求的标准正交的尺度函数 $\phi(t)$。

　　为了推导小波函数及其二尺度方程，利用其在频域的表现形式，即

$$H^{\#}(\omega)=\frac{\Phi^{\#}(2\omega)}{\Phi^{\#}(\omega)}=\cos^2\frac{\omega}{2}\left[\frac{1+2\cos^2\dfrac{\omega}{2}}{1+2\cos^2\omega}\right]^{\frac{1}{2}} \tag{8.7}$$

由滤波器 $H(\omega)$ 和 $G(\omega)$ 之间的关系可得

$$G(\omega) = e^{-j\omega}H^*(\omega+\pi) = e^{-j\omega}\sin^2\frac{\omega}{2}\left[\frac{1+2\sin^2\dfrac{\omega}{2}}{1+2\cos^2\omega}\right]^{\frac{1}{2}}$$

又由小波函数的二尺度方程的频域表示可得

$$\Psi(\omega) = e^{\frac{j\omega}{2}}\sin^2\frac{\omega}{4}\left[\frac{1+2\sin^2\dfrac{\omega}{4}}{1+2\cos^2\dfrac{\omega}{2}}\right]^{\frac{1}{2}}\Phi^{\#}\left(\frac{\omega}{2}\right)$$

$$= \sqrt{3}e^{\frac{j\omega}{2}}\sin^2\frac{\omega}{4}\left[\frac{1+2\sin^2\dfrac{\omega}{4}}{\left(1+2\cos^2\dfrac{\omega}{2}\right)\left(1+2\cos^2\dfrac{\omega}{4}\right)}\right]^{\frac{1}{2}}\Phi\left(\frac{\omega}{2}\right) \tag{8.8}$$

与其对应的小波函数的时域表达式为

$$\psi(t) = \frac{\sqrt{3}}{2}\sum_n (d_{n+1}-2d_n+d_{n-1})\phi(2t-n) \tag{8.9}$$

其中离散序列为

$$d(n) = F^{-1}\left\{\left[\frac{1+2\sin^2\dfrac{\omega}{4}}{\left(1+2\cos^2\dfrac{\omega}{2}\right)\left(1+2\cos^2\dfrac{\omega}{4}\right)}\right]^{\frac{1}{2}}\right\}$$

它是一个以 $2\pi$ 为周期的函数的傅里叶反变换。由尺度函数为一阶 B 样条函数构造的 B 样条小波及其频谱图如图 8.8 所示。

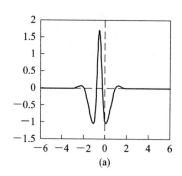 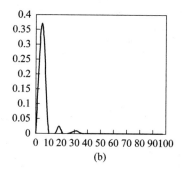

图 8.8　一阶 B 样条小波及其频谱图

（a）一阶 B 样条小波；（b）频谱图

如果取二阶 B 样条函数作为尺度函数，即

$$\phi(t) = \begin{cases} \dfrac{1}{2}(t+1)^2 & (-1 \leqslant t < 0) \\[2mm] \dfrac{3}{4}-\left(t-\dfrac{1}{2}\right)^2 & (0 \leqslant t < 1) \\[2mm] \dfrac{1}{2}(t-2)^2 & (1 \leqslant t < 2) \\[2mm] 0 & (其他) \end{cases} \tag{8.10}$$

并利用

$$\phi(t) = \frac{1}{4}\phi(2t+1) + \frac{3}{4}\phi(2t) + \frac{3}{4}\phi(2t-1) + \frac{1}{4}\phi(2t-2)$$

则二阶 B 样条函数的傅里叶变换为

$$\Phi(\omega) = e^{\frac{-j\omega}{2}}\left(\frac{\sin\frac{\omega}{2}}{\frac{\omega}{2}}\right)^3 \tag{8.11}$$

由于

$$\frac{11}{20} \leqslant \sum_{l \in \mathbf{Z}} |\Phi(\omega + 2\pi l)|^2 = \frac{11}{20} + \frac{13}{30}\cos\omega + \frac{1}{60}\cos 2\omega \leqslant 1$$

因此，$\phi(t-k)$ 构成 Riesz 基，但并非为正交基，需要对 $\phi(t)$ 进行正交化处理，才可求得 $\phi^{\#}(t)$ 及 $h^{\#}(t)$，仿照以上由一阶 B 样条函数作为尺度函数的方法，可以构造出相应的小波函数 $\psi(t)$。由尺度函数为二阶 B 样条函数构造的 B 样条小波及其频谱图如图 8.9 所示。

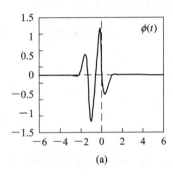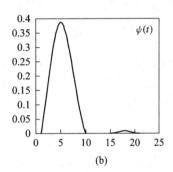

图 8.9　二阶 B 样条小波及其频谱图

(a) 二阶 B 样条小波；(b) 频谱图

综上可得如下结论：

(1) 除了 $N=0$ 时（此时为 Haar 小波），其他 $\phi(t-k)$ 都不具有正交性，必须对其进行正交化处理得到 $\phi^{\#}(t)$。

(2) 正交的 $\phi^{\#}(t)$ 及其构造的小波函数 $\psi(t)$ 的支集都为非紧的，即它的定义域为整个实轴。

(3) 当 $N$ 为偶数时，$\phi^{\#}(t)$（或 $\phi(t)$）关于 $t=\frac{1}{2}$ 对称；当 $N$ 为奇数时，$\phi^{\#}(t)$（或 $\phi(t)$）关于 $t=0$ 对称。所有 Battle-Lemarie 小波关于 $t=\frac{1}{2}$ 对称，且 $\phi^{\#}(t)$ 和 $\psi(t)$ 都具有指数衰减性。

Battle-Lemarie 小波为有限次平滑，而它却有指数衰减率，并且衰减率随着 $N$ 的增加而减小。由此可见，正交小波的光滑性和衰减性是一对矛盾特性，也即一个无穷阶光滑并且具有指数衰减率的小波是不存在的，但框架却不受此限制。例如，墨西哥草帽小波不仅具有无穷阶的光滑性，而且具有指数衰减率。

## 8.4　由滤波器组构造正交小波基

若 $\{V_j,\ j\in \mathbf{Z}\}$ 是一个多分辨率向量空间，令 $\phi(t)$ 为尺度函数，二尺度方程中的滤波器 $H(\omega)$ 和 $G(\omega)$ 满足如下条件：

$$|H(\omega)|^2 + |H(\omega+\pi)|^2 = 1 \tag{8.12}$$

$$|G(\omega)|^2 + |G(\omega+\pi)|^2 = 1 \tag{8.13}$$

$$H(\omega)G^*(\omega) + H(\omega+\pi)G^*(\omega+\pi) = 0 \tag{8.14}$$

8.4.1

则由滤波器 $G(\omega)$ 产生的函数 $\psi(t)$ 是标准的正交小波。

由滤波器 $H(\omega)$ 和 $G(\omega)$ 构造正交小波基的步骤如下：

（1）选择一个 $H(\omega)$，使其满足式（8.12）。

（2）利用 $G(\omega)=\mathrm{e}^{-\mathrm{j}\omega}H^*(\omega+\pi)$ 解得高通滤波器的频率响应 $G(\omega)$。

（3）利用小波函数的二尺度方程 $\Psi(\omega)=G\left(\dfrac{\omega}{2}\right)\Phi\left(\dfrac{\omega}{2}\right)$ 求得小波函数的频谱，再经过傅里叶反变换得到正交小波基函数 $\psi(t)$。

**例 8.1**　已知滤波器 $H(\omega)$，设计 Haar 小波。

**解**　令滤波器 $H(\omega)$ 的频率响应表达式为

$$H(\omega) = \frac{1}{2}(1+\mathrm{e}^{-\mathrm{j}\omega}) \tag{8.15}$$

8.4.2

下面来求解它产生的尺度函数以及用滤波器 $H(\omega)$ 和 $G(\omega)$ 构造的小波函数的表达式。

首先，容易验证式（8.15）定义的滤波器 $H(\omega)$ 满足式（8.12），又可以看出 $H(0)=1$ 和 $H(\pi)=0$，所以，$H(\omega)$ 是低通滤波器。

利用尺度函数的二尺度方程可求出尺度函数的傅里叶变换为

$$\Phi(\omega) = \prod_{k=1}^{\infty} H\left(\frac{\omega}{2^k}\right) = \prod_{k=1}^{\infty} \frac{1}{2}(1+\mathrm{e}^{-\mathrm{j}\frac{\omega}{2^k}})$$

$$= \prod_{k=1}^{\infty} \mathrm{e}^{-\mathrm{j}\frac{\omega}{2^k}} \cdot \frac{1}{2}(\mathrm{e}^{\mathrm{j}\frac{\omega}{2^k}}+\mathrm{e}^{-\mathrm{j}\frac{\omega}{2^k}}) = \prod_{k=1}^{\infty} \mathrm{e}^{-\mathrm{j}\frac{\omega}{2^k}} \cdot \cos\frac{\omega}{2^k}$$

$$= \exp\left(-\mathrm{j}\omega \cdot \sum_{k=1}^{\infty} \frac{1}{2^{k+1}}\right) \cdot \prod_{k=1}^{\infty} \cos\frac{\omega}{2^k}$$

$$= \mathrm{e}^{-\mathrm{j}\frac{\omega}{2}} \cdot \prod_{k=1}^{\infty} \cos\frac{\omega}{2^k}$$

由于

$$\prod_{k=1}^{\infty} \cos\frac{\omega}{2^k} = \frac{\sin\dfrac{\omega}{2}}{\dfrac{\omega}{2}}$$

因此

$$\Phi(\omega) = \mathrm{e}^{-\mathrm{j}\frac{\omega}{2}} \cdot \frac{\sin\dfrac{\omega}{2}}{\dfrac{\omega}{2}} = \mathrm{e}^{-\mathrm{j}\frac{\omega}{2}}\mathrm{Sa}\left(\frac{\omega}{2}\right)$$

其傅里叶反变换为

$$\phi(t) = \frac{1}{2\pi} \int_{-\infty}^{\infty} \Phi(\omega) e^{j\omega t} d\omega = \frac{1}{2\pi} \int_{-\infty}^{\infty} \frac{\sin \frac{\omega}{2}}{\frac{\omega}{2}} e^{j\omega(t-0.5)} d\omega$$

故尺度函数为

$$\phi(t) = \begin{cases} 1 & (|0.5-t| \leqslant 0.5) \\ 0 & (\text{其他}) \end{cases}$$

即

$$\phi(t) = \begin{cases} 1 & (0 \leqslant t \leqslant 1) \\ 0 & (\text{其他}) \end{cases}$$

这一尺度函数称为 Haar 小波的尺度函数。

与低通滤波器 $H(\omega)$ 对应的高通滤波器为

$$G(\omega) = -e^{-j\omega} \cdot H^*(\omega+\pi) = \frac{1}{2}(1-e^{-j\omega}) \tag{8.16}$$

利用小波函数的二尺度方程可求出小波函数 $\psi(t)$ 的傅里叶变换为

$$\Psi(\omega) = G\left(\frac{\omega}{2}\right) \cdot \Phi\left(\frac{\omega}{2}\right) = \frac{1}{2}(1-e^{-j\frac{\omega}{2}}) \cdot e^{-j\frac{\omega}{4}} \frac{\sin \frac{\omega}{4}}{\frac{\omega}{4}}$$

$$= \frac{1}{2}(e^{-j\frac{\omega}{4}} - e^{-j\frac{3\omega}{4}}) \cdot \frac{\sin \frac{\omega}{4}}{\frac{\omega}{4}}$$

由傅里叶反变换可得小波函数为

$$\psi(t) = \frac{1}{2\pi} \int_{-\infty}^{\infty} \Psi(\omega) e^{j\omega t} d\omega = \frac{1}{4\pi} \int_{-\infty}^{\infty} \frac{\sin \frac{\omega}{4}}{\frac{\omega}{4}} e^{j\omega(t-0.25)} d\omega - \frac{1}{4\pi} \int_{-\infty}^{\infty} \frac{\sin \frac{\omega}{4}}{\frac{\omega}{4}} e^{j\omega(t-0.75)} d\omega$$

利用傅里叶变换的性质可得

$$\frac{1}{4\pi} \int_{-\infty}^{\infty} \frac{\sin \frac{\omega}{4}}{\frac{\omega}{4}} e^{j\omega(t-0.25)} d\omega = \begin{cases} 1 & (0 \leqslant t \leqslant 0.5) \\ 0 & (\text{其他}) \end{cases}$$

和

$$\frac{1}{4\pi} \int_{-\infty}^{\infty} \frac{\sin \frac{\omega}{4}}{\frac{\omega}{4}} e^{j\omega(t-0.75)} d\omega = \begin{cases} 1 & (0.5 \leqslant t \leqslant 1) \\ 0 & (\text{其他}) \end{cases}$$

故小波函数表达式为

$$\psi(t) = \begin{cases} 1 & \left(0 \leqslant t \leqslant \frac{1}{2}\right) \\ -1 & \left(\frac{1}{2} \leqslant t \leqslant 1\right) \\ 0 & (\text{其他}) \end{cases}$$

## 8.5　紧支集正交小波基的构造

除 Haar 小波基外，目前所构造的正交小波基都是无限支集的函数。由二尺度方程可知，滤波器系数 $h(n)$ 和 $g(n)$ 是无限长序列，即 $H(\omega)$ 和 $G(\omega)$ 都是无限长脉冲响应(IIR)滤波器。这样，一方面使滤波器不具有线性相位，另一方面也使分解和重构的计算量较大。因此，构造的正交小波基，希望是

8.5.1

在严格意义上为紧支撑的，以使 Mallat 算法更快捷；也希望它是光滑的，以便高精度地分析信号；更希望它在时域和频域的局部化能力很强，以便分析信号的局部特征。Daubechies 为此做出了杰出贡献，有关小波分析的著作中都讨论和引用了 Daubechies 小波。下面以 Daubechies 小波为例，讨论紧支集正交小波基的构造方法。

由 MRA 理论可知，尺度函数和小波函数均满足二尺度方程：

$$\phi(t) = \sqrt{2}\sum_{n\in Z} h(n)\phi(2t-n) \tag{8.17}$$

$$\psi(t) = \sqrt{2}\sum_{n\in Z} g(n)\phi(2t-n) \tag{8.18}$$

由式(8.18)可知，即使尺度函数 $\phi(t)$ 是紧支集的，相应的小波函数 $\psi(t)$ 的支集未必是紧的。因此，既简单又重要的是要求式(8.18)的右边仅包含有限的 $N+1$ 项，此时，只要作适当的平移变换就可以将二尺度方程写成

$$\phi(t) = \sqrt{2}\sum_{n=0}^{N} h(n)\phi(2t-n) \tag{8.19}$$

$$\psi(t) = \sqrt{2}\sum_{n=0}^{N} g(n)\phi(2t-n) \tag{8.20}$$

如此，若尺度函数 $\phi(t)$ 是正交且紧支集的，则由此构造的正交小波基的母函数 $\psi(t)$ 也将是紧支集的。关键问题是要求出满足式(8.20)的二尺度方程中的 $\phi(t)$。如果直接寻找尺度函数 $\phi(t)$，然后再来确定有限项的滤波器系数 $h(n)$ 是不容易的；相反，若已知有限长度的滤波器系数 $h(n)$，然后再来确定尺度函数 $\phi(t)$ 则容易些。

利用 Daubechies 提出的迭代算法构造尺度函数的过程如下：

(1) 令初始值 $\phi^{(0)}(t)=N_1(t)$，这里

$$N_1(t) = \begin{cases} 1 & (0 < t < 1) \\ 0 & (其他) \end{cases}$$

8.5.2

(2) 计算 $\phi^{(i+1)}(t) = \sqrt{2}\sum_{k=0}^{N-1} h(k)\phi^{(i)}(2t-k)$。

(3) 判断 $\phi^{(i)}(t)$ 是否收敛，若收敛，则停止迭代；否则，令 $i=i+1$，并返回步骤(2)，直至算法收敛。

有文献已经证明，经过迭代后，$\phi^{(i)}(t)$ 收敛于尺度函数 $\phi(t)$，最多相差一个常数因子。

图 8.10 所示为用迭代法构造一个尺度函数的前两步的递推过程，其中，滤波器系数 $h(n)=\dfrac{\sqrt{2}}{2}\left\{\dfrac{1}{2},\ 1,\ \dfrac{1}{2}\right\}$。

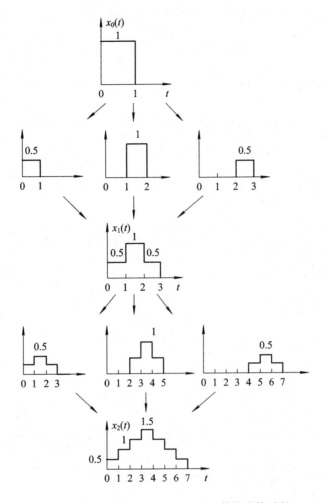

图 8.10　用迭代法构造一个尺度函数的递推过程

这种迭代方法直观易懂，但关键是如何得到有限长度的滤波器系数 $h(n)$。然而，Daubechies在构造正交小波基时假设

$$H(\omega) = \left[\frac{1}{2}(1 + e^{-j\omega})\right]^N S(e^{-j\omega}) \tag{8.21}$$

其中：$S(e^{-j\omega})$ 为实系数的代数多项式。此假设的缘由一般难以理解，其推导过程也很复杂。下面从正交小波基构造的基本思想出发，介绍用直观、简明的初等方法构造Daubechies小波，与此同时，还可获得一些具有良好性质和良好应用的滤波器。

首先分析 $H(\omega)$ 和 $|H(\omega)|^2$ 的某些特性。

对紧支集的标准正交尺度函数 $\phi(t)$，已有如下关系：

$$\Phi(2\omega) = H(\omega)\Phi(\omega)$$

$$H(\omega) = \frac{1}{2}\sum_{n=0}^{M} h_n e^{-jn\omega}$$

$$H(0) = 1$$

$$|H(\omega)|^2 + |H(\omega + \pi)|^2 = 1$$

8.5.3

其中：$M$ 是有界正整数；$H(\omega)$ 是以 $2\pi$ 为周期的函数，特别是 $|H(\omega)|^2$ 也可看作是一个以

$2\pi$ 为周期的函数,且 $|H(\omega)|^2$ 是以 $2\pi$ 为周期的偶对称函数,即

$$|H(0)|^2 = 1$$
$$|H(\pm\pi)|^2 = 0$$

从滤波器角度看,$|H(\omega)|^2$ 是低通滤波器,$|H(\omega+\pi)|^2$ 是高通滤波器,且 $|H(\omega)|^2 + |H(\omega+\pi)|^2 = 1$。

一方面,$|H(\omega)|^2$ 是以 $2\pi$ 为周期的偶对称函数,它一定具有余弦级数形式,即

$$
\begin{cases}
|H(\omega)|^2 = \sum_{n=0}^{M} \xi_n \cos n\omega \\
\xi_0 = \frac{1}{4} \sum_{k=0}^{M} h_k^2 \\
\xi_n = \frac{1}{2} \sum_{j=0}^{M-n} h_j h_{j+n} \quad (n = 1, 2, \cdots, M)
\end{cases}
\tag{8.22}
$$

其中,$\{\xi_n\}$ 的推导过程如下:

$$
\begin{aligned}
|H(\omega)|^2 &= \left| \frac{1}{2} \sum_{n=0}^{M} h_n e^{-jn\omega} \right|^2 \\
&= \frac{1}{4} \left| \sum_{k=0}^{M} h_k \cos k\omega + j \sum_{k=0}^{M} h_k \sin k\omega \right|^2 \\
&= \frac{1}{4} \left[ \left( \sum_{k=0}^{M} h_k \cos k\omega \right)^2 + \left( \sum_{k=0}^{M} h_k \sin k\omega \right)^2 \right] \\
&= \frac{1}{4} \left[ \sum_{k=0}^{M} h_k^2 \cos^2 k\omega + \sum_{k=0}^{M} h_k^2 \sin^2 k\omega + 2 \sum_{i=0}^{M} \sum_{j=0, j<i}^{M} (h_i \cos i\omega)(h_j \cos j\omega) \right] \\
&\quad + \frac{1}{4} \left[ 2 \sum_{i=0}^{M} \sum_{j=0, j<i}^{M} (h_i \sin i\omega)(h_j \sin j\omega) \right] \\
&= \frac{1}{4} \left[ \sum_{k=0}^{M} h_k^2 + 2 \sum_{i=0}^{M} \sum_{j=0, j<i}^{M} h_i h_j \cos(i-j)\omega \right]
\end{aligned}
$$

令 $n = i = j$,则

$$
\begin{aligned}
|H(\omega)|^2 &= \frac{1}{4} \left[ \sum_{k=0}^{M} h_k^2 + 2 \sum_{n=1}^{M} \left( \sum_{j=0}^{M-n} h_j h_{j+n} \right) \cos n\omega \right] \\
&= \sum_{n=0}^{M} \xi_n \cos n\omega
\end{aligned}
\tag{8.23}
$$

对上式中的系数进行比较,可推得式(8.22)中的 $\{\xi_n\}$。

另一方面,$|H(\omega)|^2$ 是以 $2\pi$ 为周期的偶对称函数,它的 Fourier 级数的复数形式为

$$|H(\omega)|^2 = \sum_{n} \eta_n e^{-jn\omega}$$

$|H(\omega)|^2$ 的偶对称性决定其展开系数 $\{\eta_n\}$ 也是偶对称的,所以 $|H(\omega)|^2$ 应具有

$$|H(\omega)|^2 = \sum_{n=-N}^{N} \eta_n e^{-jn\omega}
\tag{8.24}$$

的形式。

将式(8.24)与式(8.23)对比,可知 $M=N$,从而可确定 $|H(\omega)|^2$ 的两种形式,即

$$\begin{cases} |H(\omega)|^2 = \sum_{n=0}^{N} \xi_n \cos n\omega \\ \xi_0 = \frac{1}{4} \sum_{k=0}^{N} h_k^2 \\ \xi_n = \frac{1}{2} \sum_{j=0}^{N-n} h_j h_{j+n} \quad (n = 1, 2, \cdots, N) \\ |H(\omega)|^2 + |H(\omega+\pi)|^2 = 1 \end{cases} \tag{8.25}$$

和

$$\begin{cases} |H(\omega)|^2 = \sum_{n=-N}^{N} \eta_n \mathrm{e}^{-jn\omega} \\ \eta_0 = \xi_0 \\ \eta_{\pm n} = \frac{1}{2} \xi_n \quad (n = 1, 2, \cdots, N) \\ |H(\omega)|^2 + |H(\omega+\pi)|^2 = 1 \end{cases} \tag{8.26}$$

利用式(8.25)可设计并计算出正交尺度函数 $\phi(t)$ 和 $\{h_n\}$、$\psi(t)$ 以及 $\Phi(\omega)$ 和 $\Psi(\omega)$，利用式(8.26)可构造一个新的低通滤波器 $\{\eta_n\}_{n=-N}^{N}$。

为了用式(8.25)计算出 $\{h_n\}$，必须先给定 $|H(\omega)|^2$ 或 $\{\xi_n\}$。最简单直观的方法是将 $\sin^2\omega + \cos^2\omega = 1$ 变形为

$$|H(\omega)|^2 + |H(\omega+\pi)|^2 = 1$$

的形式，从而确定出 $|H(\omega)|^2$ 和 $\{\xi_n\}$。

具体过程如下：

将公式

$$\cos^2 \frac{\omega}{2} + \sin^2 \frac{\omega}{2} = 1$$

变形为

$$\left( \frac{1}{2} + \frac{1}{2} \cos\omega \right) + \left( \frac{1}{2} - \frac{1}{2} \cos\omega \right) = 1$$

令

$$|H(\omega)|^2 = \frac{1}{2} + \frac{1}{2} \cos\omega$$

$$|H(\omega+\pi)|^2 = \frac{1}{2} - \frac{1}{2} \cos\omega$$

则由式(8.25)可知

$$\{\xi_0, \xi_1\} = \left\{ \frac{1}{2}, \frac{1}{2} \right\}$$

出于对滤波器的考虑，为了减少低通滤波器 $|H(\omega)|^2$ 和高通滤波器 $|H(\omega+\pi)|^2$ 的重叠部分，改善它们对低频和高频分量的区分效果，受上述简单情形的启发，可采用下面恒等式来表现 $|H(\omega)|^2$，即

$$|H(\omega)|^2 + |H(\omega+\pi)|^2 = 1 = \left( \cos^2 \frac{\omega}{2} + \sin^2 \frac{\omega}{2} \right)^{2L}$$

当 $L=1$ 时，有

$$|H(\omega)|^2 + |H(\omega + \pi)|^2 = \left(\cos^2\frac{\omega}{2} + \sin^2\frac{\omega}{2}\right)^2$$

$$= \cos^4\frac{\omega}{2} + 2\cos^2\frac{\omega}{2}\sin^2\frac{\omega}{2} + \sin^4\frac{\omega}{2}$$

$$= \cos^4\frac{\omega}{2} + 2\left(\cos^2\frac{\omega}{2} + \sin^2\frac{\omega}{2}\right)\cos^2\frac{\omega}{2}\sin^2\frac{\omega}{2} + \sin^4\frac{\omega}{2}$$

$$= \cos^4\frac{\omega}{2}\left(1 + 2\sin^2\frac{\omega}{2}\right) + \sin^4\frac{\omega}{2}\left(1 + \cos^2\frac{\omega}{2}\right)$$

令

$$|H(\omega)|^2 = \cos^4\frac{\omega}{2}\left(1 + 2\sin^2\frac{\omega}{2}\right) = \frac{1}{2} + \frac{9}{16}\cos\omega - \frac{1}{16}\cos3\omega$$

$$|H(\omega + \pi)|^2 = \sin^4\frac{\omega}{2}\left(1 + 2\cos^2\frac{\omega}{2}\right)$$

于是有

$$\{\xi_0, \xi_1, \xi_2, \xi_3\} = \left\{\frac{1}{2}, \frac{9}{16}, 0, -\frac{1}{16}\right\}$$

当 $L=2$ 时，仿照以上推理过程，有

$$|H(\omega)|^2 = \frac{1}{2} + \frac{75}{128}\cos\omega - \frac{25}{256}\cos3\omega + \frac{3}{256}\cos5\omega$$

$$\{\xi_0, \xi_1, \xi_2, \xi_3, \xi_4, \xi_5\} = \left\{\frac{1}{2}, \frac{75}{128}, 0, -\frac{25}{256}, 0, \frac{3}{256}\right\}$$

它是一个长度为 6 的 FIR 滤波器。

在 $\{\xi_n\}$ 确定的情况下，利用式（8.25）列出求解滤波器系数 $\{h_n\}$ 的非线性方程组为

$$\begin{cases} h_0^2 + h_1^2 + h_2^2 + \cdots + h_{2L+1}^2 = 4\xi_0 \\ h_0 h_1 + h_1 h_2 + \cdots + h_{2L} h_{2L+1} = 2\xi_0 \\ h_0 h_{2L} + h_1 h_{2L+1} = 2\xi_{2L} \\ h_0 h_{2L+1} = 2\xi_{2L+1} \end{cases} \qquad (8.27)$$

在条件

$$\sum_{n=0}^{2L+1} h_n = 2$$

约束下求解非线性方程组的解，就可以得到滤波器系数 $\{h_n\}$。

8.5.4

相应于不同的 $N$ 值，Daubechies 小波对应的滤波器系数 $\{h_n\}$ 如表 8-1 所示。

图 8.11 所示为 $N$ 取不同值时的 Daubechies 小波的尺度函数和小波函数时域波形。从时域波形可以看出：尺度函数 $\phi(t)$ 和小波函数 $\psi(t)$ 的支集长度与滤波器系数 $h(n)$ 的长度有关，若设滤波器系数 $h(n)$ 的长度为 $N$，则尺度函数 $\phi(t)$ 的支集长度为 $[0, N]$，而小波函数 $\psi(t)$ 的支集长度为 $[-N+1, N]$；随着 $N$ 的增大，尺度函数 $\phi(t)$ 和小波函数 $\psi(t)$ 的支集长度增大，其衰减性降低，但光滑性提高；Daubechies 已经证明，除了 Haar 小波是反对称的以外，其他的连续紧支集的尺度函数 $\phi(t)$ 和小波函数 $\psi(t)$ 都不具有对称性。

图 8.12 所示为 $N$ 取不同值时的 Daubechies 小波的尺度函数和小波函数的频谱图。从尺度函数 $\phi(t)$ 和小波函数 $\psi(t)$ 的频谱图可以看出，随着 $N$ 的增大，尺度函数 $\Phi(\omega)$ 的低通特性增强，小波函数 $\Psi(\omega)$ 的带通特性增强。

**表 8-1　　N＝3～19 时 Daubechies 小波对应的滤波器系数**

| N | n | $h_n/\sqrt{2}$ | N | n | $h_n/\sqrt{2}$ |
|---|---|---|---|---|---|
| N=3 | 0 | 0.482 962 913 144 534 1 | N=15 | 0 | 0.054 415 842 243 107 2 |
| | 1 | 0.836 516 303 737 807 7 | | 1 | 0.312 871 590 914 316 6 |
| | 2 | 0.224 143 868 042 013 4 | | 2 | 0.675 630 736 297 319 5 |
| | 3 | −0.129 409 522 551 260 3 | | 3 | 0.585 354 683 654 215 9 |
| N=5 | 0 | 0.332 670 552 950 082 5 | | 4 | −0.015 829 105 256 382 3 |
| | 1 | 0.806 891 509 311 092 4 | | 5 | −0.284 015 542 961 582 4 |
| | 2 | 0.459 877 502 118 491 4 | | 6 | 0.000 472 484 573 912 4 |
| | 3 | −0.135 011 020 010 254 6 | | 7 | 0.128 747 426 630 489 3 |
| | 4 | −0.085 441 273 882 026 7 | | 8 | −0.017 369 301 001 809 0 |
| | 5 | 0.035 226 291 885 709 5 | | 9 | −0.044 088 253 930 797 1 |
| N=7 | 0 | 0.230 377 813 308 896 4 | | 10 | 0.013 981 027 917 400 1 |
| | 1 | 0.714 846 570 552 915 4 | | 11 | 0.008 746 094 047 406 5 |
| | 2 | 0.630 880 767 939 858 7 | | 12 | −0.004 870 352 993 452 0 |
| | 3 | −0.027 983 769 416 859 9 | | 13 | −0.000 391 740 373 377 0 |
| | 4 | −0.187 034 811 719 093 1 | | 14 | 0.000 675 449 406 450 6 |
| | 5 | 0.030 841 381 835 560 7 | | 15 | −0.000 117 476 784 124 8 |
| | 6 | 0.032 883 011 666 885 2 | N=17 | 0 | 0.038 077 947 363 877 8 |
| | 7 | −0.010 597 401 785 089 0 | | 1 | 0.243 834 674 612 585 8 |
| N=9 | 0 | 0.160 102 397 974 192 9 | | 2 | 0.604 823 123 690 095 5 |
| | 1 | 0.603 829 269 797 189 5 | | 3 | 0.657 288 078 051 273 6 |
| | 2 | 0.724 308 528 437 772 6 | | 4 | 0.133 197 385 824 988 3 |
| | 3 | 0.138 428 145 901 320 3 | | 5 | −0.293 273 783 279 166 3 |
| | 4 | −0.242 294 887 066 382 3 | | 6 | −0.096 840 783 222 949 2 |
| | 5 | −0.032 244 869 584 638 1 | | 7 | 0.148 540 749 338 125 6 |
| | 6 | 0.077 571 493 840 045 9 | | 8 | 0.030 725 681 479 338 5 |
| | 7 | −0.006 241 490 212 798 3 | | 9 | −0.067 632 829 061 327 9 |
| | 8 | −0.012 580 751 999 082 0 | | 10 | 0.000 250 947 114 834 0 |
| | 9 | 0.003 335 725 285 473 8 | | 11 | 0.022 361 662 123 679 8 |
| N=11 | 0 | 0.111 540 743 350 109 5 | | 12 | −0.004 723 204 757 751 8 |
| | 1 | 0.494 623 890 398 453 3 | | 13 | −0.004 281 503 682 463 5 |
| | 2 | 0.751 133 908 021 095 9 | | 14 | 0.001 847 646 883 056 3 |
| | 3 | 0.315 250 351 709 198 2 | | 15 | 0.000 230 385 763 523 2 |
| | 4 | −0.226 264 693 965 440 0 | | 16 | −0.000 251 963 188 942 7 |
| | 5 | −0.129 766 867 567 262 5 | | 17 | 0.000 039 347 320 316 3 |
| | 6 | 0.097 501 605 587 322 5 | N=19 | 0 | 0.026 670 057 900 547 3 |
| | 7 | 0.027 522 865 530 305 3 | | 1 | 0.188 176 800 077 634 7 |
| | 8 | −0.031 582 039 317 486 2 | | 2 | 0.527 201 188 931 575 7 |
| | 9 | 0.000 553 842 201 161 4 | | 3 | 0.688 459 039 453 436 3 |
| | 10 | 0.004 777 257 510 945 5 | | 4 | 0.281 172 343 660 571 5 |
| | 11 | 0.001 077 301 085 308 5 | | 5 | −0.249 846 424 327 159 8 |
| N=13 | 0 | 0.077 852 054 085 003 7 | | 6 | −0.195 946 274 377 286 2 |
| | 1 | 0.396 539 319 481 891 2 | | 7 | 0.127 369 340 355 754 1 |
| | 2 | 0.729 132 090 846 195 7 | | 8 | 0.093 057 364 603 554 7 |
| | 3 | 0.469 782 287 405 188 9 | | 9 | −0.071 394 147 166 350 1 |
| | 4 | −0.143 906 003 928 521 2 | | 10 | −0.029 457 536 821 839 9 |
| | 5 | −0.224 036 184 993 841 2 | | 11 | 0.033 212 674 059 361 2 |
| | 6 | 0.071 309 219 266 827 2 | | 12 | 0.003 606 553 566 987 0 |
| | 7 | 0.080 612 609 151 077 4 | | 13 | −0.010 733 175 483 300 7 |
| | 8 | −0.038 029 936 935 010 4 | | 14 | 0.001 395 351 747 068 8 |
| | 9 | −0.016 574 541 630 665 5 | | 15 | 0.001 992 405 295 192 5 |
| | 10 | 0.012 550 998 556 098 6 | | 16 | −0.000 685 856 694 956 4 |
| | 11 | 0.000 429 577 972 921 4 | | 17 | −0.000 116 466 855 128 5 |
| | 12 | −0.001 801 640 704 047 3 | | 18 | 0.000 093 588 670 320 2 |
| | 13 | 0.000 353 713 799 974 5 | | 19 | −0.000 013 264 202 894 5 |

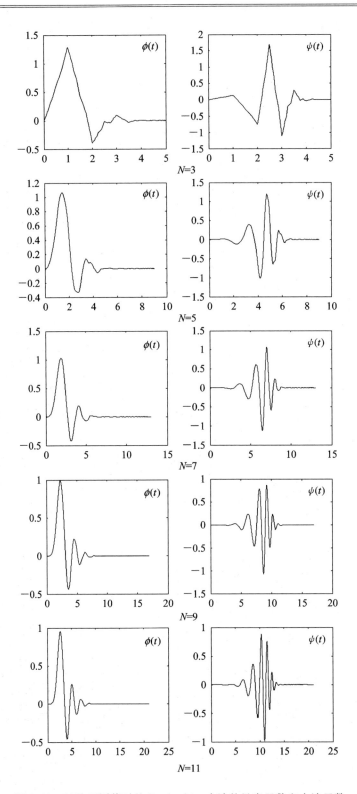

图 8.11　$N$ 取不同值时的 Daubechies 小波的尺度函数和小波函数

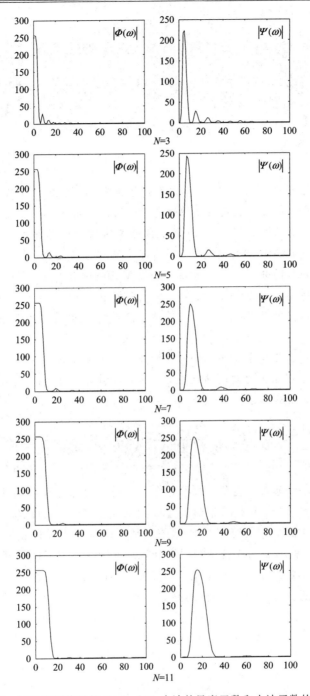

图 8.12   $N$ 取不同值时的 Daubechies 小波的尺度函数和小波函数的频谱图

## 思 考 题

1. 构造正交小波基的途径有哪些？各自的步骤是什么？
2. 以构造 Harr 小波为例，说明由滤波器构造正交小波基的过程。

# 第9讲　正交小波变换的快速实现算法

9.0

　　多分辨率分析为深刻理解小波分析原理和构造正交小波提供了理性框架，而本讲介绍的关于正交小波变换的快速算法，则为应用小波提供了便捷的手段。快速正交小波变换算法是 S. Mallat 在著名的用于图像分解的金字塔算法（Pyramidal Algorithm）的启发下，结合多分辨率分析理论，提出的信号的塔式多分辨率分析的分解与综合算法，简称 Mallat 快速算法。快速正交小波变换算法在小波分析中的地位类似于 FFT 在经典傅里叶分析中的地位，Mallat 快速算法甚至不需要尺度函数和小波函数的具体表达式，只需要二尺度方程中的滤波器系数，就可以进行小波分解与重构。

　　本讲首先介绍基于尺度空间和小波空间的正交小波分解原理；然后推导 Mallat 快速算法中的分解与重构过程和滤波器的简洁表示；其次介绍小波包分解的概念；最后介绍双正交小波分解与重构的快速算法。

## 9.1　快速正交小波分解原理

　　非平稳信号的频率随时间变化，这种变化可分为慢变部分和快变部分。慢变部分对应于非平稳信号的低频成分，它代表信号的主体轮廓或粗糙像；快变部分对应于信号的高频部分，它表示信号的细节。同样，任何一幅图像都可以分解为描述轮廓与背景的低频部分和反映边缘与纹理的高频部分。著名的图像分解与重构的塔式算法的基本思想就是将原始的整幅图像 $f(x, y)$ 视为一个分辨率为 $2^0 = 1$ 的离散逼近 $A_0 f$，于是，它便可以分解为一个粗分辨率 $2^J$ 的逼近 $A_J f$ 与若干高分辨率 $2^j (0 < j < J)$ 的逐次细节逼近 $D_j f$ 之和。

　　下面推导基于尺度空间和小波空间的信号的塔式多分辨率分解过程。令 $\phi(t)$ 和 $\psi(t)$ 分别是尺度函数和小波函数，则函数 $f(t)$ 在 $2^j$ 分辨率逼近下的逼近部分 $A_j f(t)$ 和细节部分 $D_j f(t)$ 可分别表示为

$$A_j f(t) = \sum_{k=-\infty}^{\infty} c_{j,k} \phi_{j,k}(t) \tag{9.1}$$

$$D_j f(t) = \sum_{k=-\infty}^{\infty} d_{j,k} \psi_{j,k}(t) \tag{9.2}$$

式中：$c_{j,k} = \langle f(t), \phi_{j,k}(t) \rangle$ 为 $2^j$ 分辨率下的尺度（或粗糙像）系数；$d_{j,k} = \langle f(t), \psi_{j,k}(t) \rangle$ 为小波（或细节）系数。这样，在已知尺度函数和小波函数的前提下，信号 $f(t)$ 的逼近部分 $A_j f(t)$ 和细节部分 $D_j f(t)$ 的信息就由尺度系数 $c_{j,k}$ 和小波系数 $d_{j,k}$ 来携带。为了快速地得到这些尺度系数和小波系数，需要建立相邻的尺度空间的尺度系数的递推关系以及相邻的

尺度空间和小波空间的小波系数的递推关系。

这里我们采用 Mallat 符号，$V_j$ 子空间的分辨率为 $2^j$，包含关系为 $V_j \subset V_{j+1}$。由于尺度空间和小波空间有如下的关系：

$$V_j = V_{j-1} \oplus W_{j-1}$$
$$= V_{j-2} \oplus W_{j-2} \oplus W_{j-1}$$
$$= V_{j-3} \oplus W_{j-3} \oplus W_{j-2} \oplus W_{j-1}$$
$$= \cdots$$

逼近部分 $A_j f(t)$ 又可分解为粗糙像 $A_{j-1} f(t)$ 与细节 $D_{j-1} f(t)$ 之和，即有

$$A_j f(t) = A_{j-1} f(t) + D_{j-1} f(t) \tag{9.3}$$

式中

$$A_{j-1} f(t) = \sum_{m=-\infty}^{\infty} c_{j-1, m} \phi_{j-1, m}(t) \tag{9.4}$$

$$D_{j-1} f(t) = \sum_{m=-\infty}^{\infty} d_{j-1, m} \psi_{j-1, m}(t) \tag{9.5}$$

将式(9.1)、式(9.4)和式(9.5)代入式(9.3)，有

$$\sum_{m=-\infty}^{\infty} c_{j-1, m} \phi_{j-1, m}(t) + \sum_{m=-\infty}^{\infty} d_{j-1, m} \psi_{j-1, m}(t) = \sum_{k=-\infty}^{\infty} c_{j, k} \phi_{j, k}(t) \tag{9.6}$$

下面分别推导 $c_{j-1, k}$ 与 $c_{j, m}$ 的递推关系、$d_{j-1, k}$ 与 $c_{j, m}$ 的递推关系，以及 $c_{j, k}$ 与 $c_{j-1, k}$ 和 $d_{j-1, k}$ 的重构关系。由尺度函数的二尺度方程可得

9.1.1

$$\phi_{j-1, k}(t) = 2^{(j-1)/2} \phi(2^{j-1} t - k)$$
$$= 2^{(j-1)/2} \sqrt{2} \sum_{i=-\infty}^{\infty} h(i) \phi(2^j t - 2k - i) \tag{9.7}$$

作变量代换，令 $m' = 2k + i$，则式(9.7)变为

$$\phi_{j-1, k}(t) = \sum_{m'=-\infty}^{\infty} h(m' - 2k) 2^{j/2} \phi(2^j t - m')$$
$$= \sum_{m'=-\infty}^{\infty} h(m' - 2k) \phi_{j, m'}(t) \tag{9.8}$$

对式(9.8)两边同乘以 $\phi_{j, m}^*(t)$，然后作关于 $t$ 的积分，并利用 $\phi_{j, k}(t)$ 的标准正交性，即有

$$\langle \phi_{j-1, k}, \phi_{j, m} \rangle = h(m - 2k)$$

两端取复数共轭后，得

$$\langle \phi_{j, m}, \phi_{j-1, k} \rangle = h^*(m - 2k) \tag{9.9}$$

式(9.9)说明相邻尺度函数的内积由相应的低通滤波器的系数决定。

类似地，根据小波函数的二尺度方程，则有

$$\psi_{j-1, k}(t) = 2^{(j-1)/2} \psi(2^{j-1} t - k)$$
$$= 2^{(j-1)/2} \sqrt{2} \sum_{i=-\infty}^{\infty} g(i) \phi(2^j t - 2k - i)$$
$$= \sum_{m'=-\infty}^{\infty} g(m' - 2k) \phi_{j, m'}(t) \tag{9.10}$$

对式(9.10)两边同乘以 $\phi_{j, m}^*(t)$，然后作关于 $t$ 的积分，并取复数共轭后即得

$$\langle \phi_{j,m}, \psi_{j-1,k} \rangle = g^*(m-2k) \tag{9.11}$$

式(9.11)说明相邻尺度函数与小波函数的内积由相应的高通滤波器的系数决定。

对式(9.6)两边同乘以某个合适的函数，再作关于 $t$ 的积分，并利用有关尺度函数与小波函数的正交性，可得以下三个重要结果。

(1) 对式(9.6)两边同乘以 $\phi_{j-1,k}^*(t)$ 后关于 $t$ 积分，并利用式(9.9)，有

9.1.2

$$c_{j-1,k} = \sum_{m=-\infty}^{\infty} h^*(m-2k)c_{j,m} \tag{9.12}$$

式(9.12)说明 $j-1$ 尺度空间的尺度系数 $c_{j-1,k}$ 可以由 $j$ 尺度空间的尺度系数 $c_{j,k}$ 经滤波器系数 $h(n)$ 进行加权求和而得到。

(2) 对式(9.6)两边同乘以 $\psi_{j-1,k}^*(t)$ 后关于 $t$ 积分，并利用式(9.11)，有

$$d_{j-1,k} = \sum_{m=-\infty}^{\infty} g^*(m-2k)c_{j,m} \tag{9.13}$$

9.1.3

式(9.13)说明 $j-1$ 空间的小波系数 $d_{j-1,k}$ 可以由 $j$ 尺度空间的尺度系数 $c_{j,k}$ 经滤波器系数 $g(n)$ 进行加权求和而得到。

(3) 对式(9.6)两边同乘以 $\phi_{j,k}^*(t)$ 后关于 $t$ 积分，并利用式(9.9)和式(9.11)，有

$$c_{j,k} = \sum_{m=-\infty}^{\infty} h(m-2k)c_{j-1,m} + \sum_{m=-\infty}^{\infty} g(m-2k)d_{j-1,m} \tag{9.14}$$

9.1.4

式(9.14)说明 $j$ 尺度空间的尺度系数 $c_{j,k}$ 可以由 $j-1$ 尺度空间的尺度系数 $c_{j-1,k}$ 和 $j-1$ 空间的小波系数 $d_{j-1,k}$ 经滤波器系数 $h(n)$ 和 $g(n)$ 进行加权求和而得到。

由于实际使用的滤波器系数 $h(n)$ 和 $g(n)$ 的长度一般都是有限长的(如紧支集正交小波等)，或近似有限长的(如样条小波等)，因此会使上述这种分解运算变得非常简单。

## 9.2　Mallat 快速算法的简洁表示

9.2

从信号处理的观点来看，对信号进行小波的分解与合成，实质上是对信号进行滤波处理过程。为了直观地看清楚以上的分解与合成过程，以下采用滤波的观点，用简洁的符号来表示 Mallat 快速算法。

假定已经计算出信号 $f(t) \in L^2(\mathbf{R})$ 在分辨率 $2^j$ 下的离散逼近 $A_j f$，则 $f(t)$ 在分辨率 $2^{j-1}$ 的离散逼近 $A_{j-1}f(t)$ 可通过用低通滤波器 $H(\omega)$ 对 $A_j f(t)$ 进行低通滤波而获得，而 $f(t)$ 在分辨率 $2^{j-1}$ 的细节逼近 $D_{j-1}f(t)$ 可通过用高通滤波器 $G(\omega)$ 对 $A_j f(t)$ 进行高通滤波获得。低通滤波器 $H(\omega)$ 和高通滤波器 $G(\omega)$ 组成一个滤波器组，简记为 $(H,G)$，使用其共轭滤波器组 $(H^*, G^*)$ 对原始信号进行分解，然后再用 $(H,G)$ 重构信号，即得到正交多分辨率分析的重构信号，如图 9.1 所示。

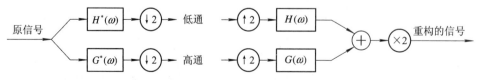

图 9.1　正交多分辨率分析的信号分解与重构原理图

图 9.1 中：↓2 表示下采样，即每隔一个样本取一个采样；↑2 表示上采样，即每两个样本之间插入一个零(也称内插)。在图 9.1 中，滤波器 $H^*(\omega)$ 和 $G^*(\omega)$ 是用来分解信号的，分别得到信号的粗节信息和细节信息，故 $(H^*, G^*)$ 称为分析滤波器组。而滤波器 $H(\omega)$ 和 $G(\omega)$ 是用来恢复或重构信号的，它们组成综合滤波器组。在形式上，分析滤波器组 $(H^*, G^*)$ 只是综合滤波器组 $(H, G)$ 的复数共轭而已。

为了用简洁符号表示图 9.1 所示的正交多分辨率分析的信号分解与重构原理，定义无穷维向量 $\boldsymbol{C}_j = [c_{j, k}]_{k=-\infty}^{\infty}$，$\boldsymbol{D}_j = [d_{j, k}]_{k=-\infty}^{\infty}$ 和矩阵 $\boldsymbol{H} = [H_{m, k}]_{m, k=-\infty}^{\infty}$，$\boldsymbol{G} = [G_{m, k}]_{m, k=-\infty}^{\infty}$，其中 $H_{m, k} = h^*(m-2k)$，且 $G_{m, k} = g^*(m-2k)$，则式(9.12)、式(9.13)和式(9.14)可分别简记为

$$\begin{cases} \boldsymbol{C}_{j-1} = \boldsymbol{H}\boldsymbol{C}_j \\ \boldsymbol{D}_{j-1} = \boldsymbol{G}\boldsymbol{C}_j \end{cases} \quad (j = 0, 1, \cdots, J) \tag{9.15}$$

和

$$\boldsymbol{C}_j = \boldsymbol{H}^* \boldsymbol{C}_{j-1} + \boldsymbol{G}^* \boldsymbol{D}_{j-1} \quad (j = J, \cdots, 1, 0) \tag{9.16}$$

式中，$\boldsymbol{H}^*$ 和 $\boldsymbol{G}^*$ 分别是 $\boldsymbol{H}$ 和 $\boldsymbol{G}$ 的共轭矩阵。

式(9.15)即是快速正交小波变换的 Mallat 塔式分解算法，如图 9.2(a)所示；式(9.16)即是快速正交小波反变换的 Mallat 塔式重构算法，如图 9.2(b)所示。如果将这两个图画成垂直形式，则这两种算法的塔式结构便一目了然。

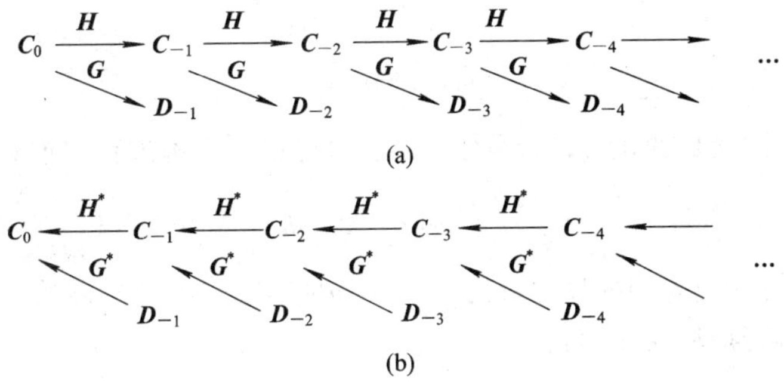

$$C_0 \xrightarrow[G]{H} C_{-1} \xrightarrow[G]{H} C_{-2} \xrightarrow[G]{H} C_{-3} \xrightarrow[G]{H} C_{-4} \quad \cdots$$
$$\qquad D_{-1} \qquad D_{-2} \qquad D_{-3} \qquad D_{-4}$$

(a)

$$C_0 \xleftarrow[G^*]{H^*} C_{-1} \xleftarrow[G^*]{H^*} C_{-2} \xleftarrow[G^*]{H^*} C_{-3} \xleftarrow[G^*]{H^*} C_{-4} \quad \cdots$$
$$\qquad D_{-1} \qquad D_{-2} \qquad D_{-3} \qquad D_{-4}$$

(b)

图 9.2　快速正交小波变换算法

(a) 分解过程；(b) 重构过程

## 9.3　二维 Mallat 快速算法

9.3

在进行图像处理时要用到二维小波变换，构造二维小波基的最简单方法是使用两个相同一维小波函数和一维尺度函数的乘积。生成的尺度函数和三个小波函数分别为

$$\begin{cases} \phi(x, y) = \phi(x)\phi(y) \\ \psi^1(x, y) = \phi(x)\psi(y) \\ \psi^2(x, y) = \psi(x)\phi(y) \\ \psi^3(x, y) = \psi(x)\psi(y) \end{cases} \tag{9.17}$$

它们对应如图 9.3 所示的分解。

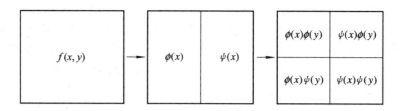

图 9.3　二维小波分解所用的尺度函数与三个小波函数

与二维尺度函数和三个"二维小波"对应的离散形式为

$$\begin{cases} 2^{-j}\phi(2^{-j}x-m, 2^{-j}y-n) \\ 2^{-j}\psi^1(2^{-j}x-m, 2^{-j}y-n) \\ 2^{-j}\psi^2(2^{-j}x-m, 2^{-j}y-n) \\ 2^{-j}\psi^3(2^{-j}x-m, 2^{-j}y-n) \end{cases} \quad (m, n) \in \mathbf{Z}^2 \tag{9.18}$$

它们分别构成 $L^2(\mathbf{R}^2)$ 内的标准正交基。

设 $f = f(x, y) \in V_j^2$ 为待分析的图像信号，其二维逼近图像为

$$A_j f = A_{j+1} f + D_{j+1}^1 f + D_{j+1}^2 f + D_{j+1}^3 f \tag{9.19}$$

式中

$$\begin{cases} A_{j+1}f = \sum_{m=-\infty}^{\infty}\sum_{n=-\infty}^{\infty} c_{j+1}(m, n)\phi_{j+1}(m, n) \\ D_{j+1}^i f = \sum_{m=-\infty}^{\infty}\sum_{n=-\infty}^{\infty} d_{j+1}^i(m, n)\psi_{j+1}(m, n) \end{cases} \quad (i = 1, 2, 3) \tag{9.20}$$

利用尺度函数和小波函数的正交性，类似一维信号分解与重构过程的推导，可得

$$c_{j+1}(m, n) = \sum_{k=-\infty}^{\infty}\sum_{l=-\infty}^{\infty} h(k-2m)h(l-2n)c_j(k, l) \tag{9.21}$$

式(9.21)说明，$j+1$ 尺度空间的尺度系数 $c_{j+1}(m, n)$ 可以由 $j$ 尺度空间的尺度系数 $c_j(k, l)$ 经二维滤波器系数进行加权求和得到。

又

$$\begin{cases} d_{j+1}^1 = \sum_{k=-\infty}^{\infty}\sum_{l=-\infty}^{\infty} h(k-2m)g(l-2n)c_j(k, l) \\ d_{j+1}^2 = \sum_{k=-\infty}^{\infty}\sum_{l=-\infty}^{\infty} g(k-2m)h(l-2n)c_j(k, l) \\ d_{j+1}^3 = \sum_{k=-\infty}^{\infty}\sum_{l=-\infty}^{\infty} g(k-2m)g(l-2n)c_j(k, l) \end{cases} \tag{9.22}$$

引入矩阵算子，令 $\boldsymbol{H}_r$ 和 $\boldsymbol{H}_c$ 分别表示用尺度滤波器系数对阵列 $\{c_{k, l}\}_{(k, l) \in \mathbf{z}^2}$ 的行和列作用的算子，$\boldsymbol{G}_r$ 和 $\boldsymbol{G}_c$ 分别表示用小波滤波器系数对行和列作用的算子，则二维 Mallat 分解算法为

$$\begin{cases} \boldsymbol{C}_{j+1} = \boldsymbol{H}_r\boldsymbol{H}_c\boldsymbol{C}_j \\ \boldsymbol{D}_{j+1}^1 = \boldsymbol{H}_r\boldsymbol{G}_c\boldsymbol{C}_j \\ \boldsymbol{D}_{j+1}^2 = \boldsymbol{G}_r\boldsymbol{H}_c\boldsymbol{C}_j \\ \boldsymbol{D}_{j+1}^3 = \boldsymbol{G}_r\boldsymbol{G}_c\boldsymbol{C}_j \end{cases} \quad (j = 0, 1, \cdots, J) \tag{9.23}$$

二维 Mallat 重构算法为

$$C_j = H_r^* H_c^* C_{j+1} + H_r^* G_c^* D_{j+1}^* + G_r^* H_c^* D_{j+1}^2 + G_r^* G_c^* D_{j+1}^3 \qquad (9.24)$$

图 9.4 所示为二维图像的分解和重构算法。在图 9.4(a) 所示的二维 Mallat 小波分解中，$j$ 尺度的图像 $A_j f$ 经过低通滤波器 $H$ 和高通滤波器 $G$ 一层小波分解后，得到低频近似系数 $A_{j+1} f$、水平细节系数 $D_{j+1}^1 f$、垂直细节系数 $D_{j+1}^2 f$ 以及对角细节系数 $D_{j+1}^3 f$。在图 9.4(b) 所示的二维 Mallat 小波重构中，由小波分解低频近似系数和三个高频细节系数可以重构出原始的图像信号。

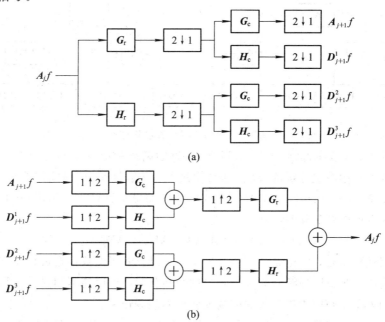

图 9.4　二维 Mallat 小波的分解和重构算法

(a) 分解算法示意图；(b) 重构算法示意图

　　二维小波的分解与重构算法，利用其可分离特性，在算法实现时分别由对行进行一维小波变换，再对按行变换后的数据按列进行一维小波变换来完成。与一维的情形类似，在实际应用中，图像信号总是有限区域的，存在如何处理边界的问题。典型的处理方法是周期扩展和反射扩展。在用小波变换进行图像压缩时，由于边界的不连续性，会使在边界处的小波变换系数的衰减变慢，从而影响图像的压缩比，因而在图像压缩应用中，若使用的是具有对称性质的双正交小波滤波器，则一般对边界采用反射扩展的方式，使边界保持连续，以提高压缩性能。

## 9.4　小波包分解及应用示例

9.4

　　利用前面介绍的多分辨率分析可以对信号进行不同频带宽度的时频分解。由 Mallat 快速算法可以看出，多分辨率分析是对低频部分进行对分，而对高频部分不再进行细分，因此高频部分的频率分辨率较差，而低频部分的时间分辨率较差。在实际应用中，我们只是对某些特定时间段和特定频率段的信号感兴趣，自然希望在感兴趣的频率点上尽可能提高频率分辨率，在感兴趣的时间点上尽可能提高时间分辨率。因此，需要一种更为精细的分解方法对高频部分进一步细分，即下面介绍的小波包分析。首先来看小波包分解的结构图。假定对待分析信号 $S$ 进行三层分解，分解结构如图 9.5 所示。

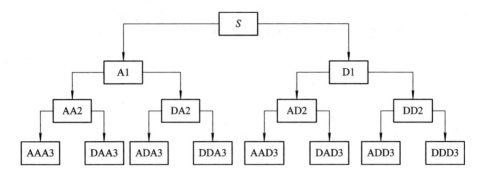

图 9.5　信号的三层小波包分解图

在图 9.5 中，A 表示低频，D 表示高频（这里的高频和低频是相对于上一级而言的），末尾的序号数表示小波包分解的层数，也即尺度数。分解具有如下关系：

$$S = \text{AAA3} + \text{DAA3} + \text{ADA3} + \text{DDA3} + \text{AAD3} + \text{DAD3} + \text{ADD3} + \text{DDD3}$$

同样，信号 $S$ 也可作如下分解：

$$S = \text{AA2} + \text{ADA3} + \text{DDA3} + \text{AD2} + \text{ADD3} + \text{DDD3}$$

根据需要可以任意组合，只要覆盖全频段即可。所以，小波包基存在最优选择问题。因此利用小波包变换，在多层分解后的不同频带内分析信号，可以使不明显的信号频率特征在不同分辨率的若干子空间中以显著的能量变化形式表现出来。

Mallat 快速算法只是对 $V_j$ 空间（概貌空间）分解，没有对 $W_j$ 空间（细节空间）分解，而小波包变换就是对 $V_j$ 和 $W_j$ 同时分解，弥补了正交小波变换的缺陷，可得到所有频段的特征。

将尺度函数 $\phi(t)$ 改记为 $u_0(t)$，小波函数 $\psi(t)$ 改记为 $u_1(t)$，则尺度函数 $\phi(t)$ 和小波函数 $\psi(t)$ 可分别表示为

$$\begin{cases} u_0(t) = \sqrt{2} \sum_{k \in \mathbf{Z}} h_k u_0(2t - k) \\ u_1(t) = \sqrt{2} \sum_{k \in \mathbf{Z}} g_k u_0(2t - k) \end{cases} \tag{9.25}$$

将子空间 $V_j$ 和 $W_j$ 用一个新的子空间 $U_j^n$ 表示，则

$$U_j^0 = V_j, \quad U_j^1 = W_j \qquad (j \in \mathbf{Z})$$

因为 Hilbert 空间的正交分解 $V_j = V_{j+1} \oplus W_{j+1}$，所以 $U_j^n$ 可分解为

$$U_j^0 = U_{j+1}^0 \oplus U_{j+1}^1 \qquad (j \in \mathbf{Z}) \tag{9.26}$$

定义子空间 $U_j^n$ 是函数 $u_n(t)$ 的闭空间，而 $U_j^{2n}$ 是函数 $u_{2n}(t)$ 的闭空间，$u_n(t)$ 满足下列二尺度方程：

$$\begin{cases} u_{2n}(t) = \sqrt{2} \sum_{k \in \mathbf{Z}} h_k u_n(2t - k) \\ u_{2n+1}(t) = \sqrt{2} \sum_{k \in \mathbf{Z}} g_k u_n(2t - k) \end{cases} \tag{9.27}$$

则信号 $s(t)$ 在空间 $U_j^n$ 内的投影可表示为

$$s_{j,n}(t) = \sum_k d_{j,k}^n u_{j,n,k}(t) \tag{9.28}$$

其中，$d_{j,k}^n = \langle s(t), u_{j,n,k}(t)\rangle$ 为小波包系数。

小波包的分解算法类似于小波分解的 Mallat 快速分解算法，类似可推得

$$\begin{cases} d_{j,k}^{2n} = \sum_{l\in \mathbf{Z}} \overline{h}_{l-2k} d_{j-1,l}^n \\ d_{j,k}^{2n+1} = \sum_{l\in \mathbf{Z}} \overline{g}_{l-2k} d_{j-1,l}^n \end{cases} \tag{9.29}$$

小波包的重构算法为

$$d_{j+1,k}^n = \sum_k \left[ h_{l-2k} d_{j,k}^{2n} + g_{l-2k} d_{j,k}^{2n+1} \right] \tag{9.30}$$

从图 9.5 中可以看出，信号的高频部分也进一步细分，这样就能够根据待分析信号的特征自适应地选择频带，把时频分辨率进一步提高，使小波包分析比小波变换的应用范围更广。在小波变换的平面中，若尺度 $j$ 减小，则小波函数的时域分辨率增大，频域分辨率减小，这种大尺度小频窗的时频分布规律一般符合实际信号的特征，有利于提取出有用信号。但一些异常 ECG（心电图）信号在高频部分也有可能存在奇异的瞬态现象，小波变换不易察觉，当只需研究信号特定频段或时间段的信息时就需要提高这些频段或时间段的分辨率。小波包分解的精细的时频结构使它成为异常 ECG 信号识别分类的有效工具。由于各类心律失常信号之间的差别不大，而且变化一般都是瞬态的，因此提取小波包特征会使分类结果更加精确。将小波包分解用于提取待识别信号特征的主要步骤如下：

（1）对待识别信号 $f(t)$ 进行 $j$ 层小波包分解，分别提取第 $j$ 层从低频到高频的共 $2^j$ 个频率成分的系数序列。

（2）对第 $j$ 层的 $2^j$ 个频带的小波包分解系数进行重构。

（3）通过系数平方和的形式求得重构后各频带的能量，并用 $2^j$ 个频带能量占待分析信号总能量的百分比作为原信号的特征向量。

识别算法首先从 MIT-BIH 数据库里选取正常 ECG、LBBB、RBBB、APC、VPC 共 5 类信号，每类 400 个心拍，以每个心拍的 R 波峰为基准，以每个 R 波峰的前 110 ms 和后 140 ms 组成时域样本集提取小波节点熵特征值。

然后进行小波基的选择。由于心律失常信号与正常 ECG 信号的时域特征差别各异、标准不一，因此主要考虑频域内有高分辨率的小波基。在正交小波系中，shannon 小波的频率分辨率最高，并且它是频率带限函数，具有良好的局部化特性。但是 shannon 小波不具有紧支性，存在渐进衰减但速度较缓。因此，在小波基的选择上挑选 shannon 小波的近似小波——DMeyer 小波。DMeyer 小波即离散的 Meyer 小波，是 Meyer 小波基于 FIR 的近似，用于快速离散小波变换，具有正交性、双正交性、紧支性等优良特性。

最后将 5 类信号用 DMeyer 小波进行三层小波包分解。图 9.6 所示为正常 ECG 信号和 LBBB 信号的小波包三层分解对比结果。

从图 9.6 中可以看出正常 ECG 信号和 LBBB 信号的小波包分解特征在第三层的某些频带上的区别还是很明显的。这里选取的特征量是小波包分解后各节点的 shannon 熵。熵值蕴含的信息量与熵的大小相反，熵值越大信息量越小，熵值越小信息量越大。shannon 熵是对信号成分分布的一种概率描述，可以很好地体现出信号的差异。

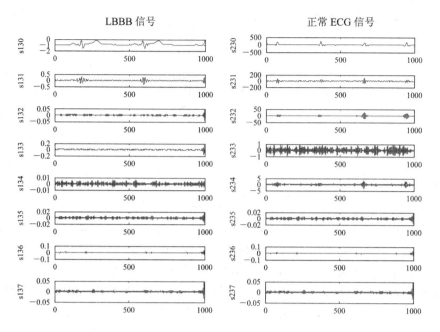

图 9.6　正常 ECG 信号与 LBBB 信号的小波包三层分解对比图

## 9.5　双正交小波分解与重构的快速算法

9.5

### 9.5.1　双正交小波的定义

如果有两对函数$(\phi,\psi)$与$(\tilde{\phi},\tilde{\psi})$，其中，尺度函数$\phi$与$\tilde{\phi}$分别生成MRA$\{V_j\}$和MRA$\{\tilde{V}_j\}$，而$\psi$和$\tilde{\psi}$则分别张成在下述意义上的补空间$\{W_j\}$和$\{\tilde{W}_j\}$：

$$\begin{cases} V_{j+1} = V_j + W_j \\ \tilde{V}_{j+1} = \tilde{V}_j + \tilde{W}_j \end{cases} \tag{9.31}$$

并且它们之间还满足如下正交关系：

$$\begin{cases} \langle \phi(x-l), \tilde{\phi}(x-m) \rangle = \delta_{l,m} \\ \langle \psi(x-l), \tilde{\psi}(x-m) \rangle = \delta_{l,m} \end{cases} \tag{9.32}$$

$$\begin{cases} \langle \tilde{\phi}(x-l), \psi(x-m) \rangle = 0 \\ \langle \phi(x-l), \tilde{\psi}(x-m) \rangle = 0 \end{cases} \tag{9.33}$$

那么这两对函数称为互为对偶的双正交小波。可见，双正交小波本身并不是正交基，而只是 Riesz 基，但两者相互之间具有式(9.32)和式(9.33)的正交关系。式(9.32)表示$V_j$与$\tilde{V}_j$以及$W_j$与$\tilde{W}_j$是相互正交的，即

$$V_j \perp \tilde{V}_j, \quad W_j \perp \tilde{W}_j$$

而式(9.33)表示$V_j$与$\tilde{W}_j$以及$\tilde{V}_j$与$W_j$是相互正交的，即

$$V_j \perp \tilde{W}_j, \quad \tilde{V}_j \perp W_j$$

### 9.5.2　双正交小波的二尺度关系

由于$(\phi,\psi)$与$(\tilde{\phi},\tilde{\psi})$各自生成为一个多分辨率分析，因此存在如下二尺度关系：

$$\begin{cases} \phi(x) = \sqrt{2} \sum h(n) \phi(2x - n) \\ \psi(x) = \sqrt{2} \sum g(n) \phi(2x - n) \\ \tilde{\phi}(x) = \sqrt{2} \sum \tilde{h}(n) \tilde{\phi}(2x - n) \\ \tilde{\psi}(x) = \sqrt{2} \sum \tilde{g}(n) \tilde{\phi}(2x - n) \end{cases} \tag{9.34}$$

对上式两边进行傅里叶变换，得

$$\begin{cases} \Phi(\omega) = H\left(\dfrac{\omega}{2}\right) \Phi\left(\dfrac{\omega}{2}\right) \\ \Psi(\omega) = G\left(\dfrac{\omega}{2}\right) \Phi\left(\dfrac{\omega}{2}\right) \\ \tilde{\Phi}(\omega) = \tilde{H}\left(\dfrac{\omega}{2}\right) \tilde{\Phi}\left(\dfrac{\omega}{2}\right) \\ \tilde{\Psi}(\omega) = \tilde{G}\left(\dfrac{\omega}{2}\right) \tilde{\Phi}\left(\dfrac{\omega}{2}\right) \end{cases} \tag{9.35}$$

式中，$H(\omega)$、$G(\omega)$、$\tilde{H}(\omega)$ 和 $\tilde{G}(\omega)$ 与前述的关于 $H(\omega)$ 和 $G(\omega)$ 的定义相同。

由于尺度函数及其对偶的尺度函数以及小波函数和对偶小波函数之间正交，因此利用正交性在频域的表现形式，并根据二尺度方程，可以推得 $H(\omega)$、$G(\omega)$、$\tilde{H}(\omega)$ 和 $\tilde{G}(\omega)$ 有如下的正交关系：

$$\begin{cases} H(\omega) \overline{\tilde{H}(\omega)} + H(\omega + \pi) \overline{\tilde{H}(\omega + \pi)} = 1 \\ G(\omega) \overline{\tilde{G}(\omega)} + G(\omega + \pi) \overline{\tilde{G}(\omega + \pi)} = 1 \\ H(\omega) \overline{\tilde{G}(\omega)} + H(\omega + \pi) \overline{\tilde{G}(\omega + \pi)} = 0 \\ H(\omega) \overline{\tilde{G}(\omega)} + \tilde{H}(\omega + \pi) \overline{G(\omega + \pi)} = 0 \end{cases} \tag{9.36}$$

如果令

$$\begin{cases} G(\omega) = \mathrm{e}^{-\mathrm{j}\omega} \overline{\tilde{H}(\omega + \pi)} \\ \tilde{G}(\omega) = \mathrm{e}^{-\mathrm{j}\omega} \overline{H(\omega + \pi)} \end{cases} \tag{9.37}$$

则方程组(9.36)中的后两个方程式将自动成立，而方程组(9.37)中的第二个方程将变成与第一个方程相同的形式，可见

$$H(\omega) \overline{\tilde{H}(\omega)} + H(\omega + \pi) \overline{\tilde{H}(\omega + \pi)} = 1 \tag{9.38}$$

可称之为双正交基本条件。

显然，如果令 $\tilde{H}(\omega) = H(\omega)$，则式(9.38)退化为双正交基本条件

$$|H(\omega)|^2 + |H(\omega + \pi)|^2 = 1$$

容易证明方程组(9.37)等价于

$$\begin{cases} g(n) = (-1)^{1-n} \overline{\tilde{h}}_{1-n} \\ \tilde{g}(n) = (-1)^{1-n} \overline{h}_{1-n} \end{cases} \tag{9.39}$$

即 $\{g_k\}$ 和 $\{\tilde{g}_k\}$ 分别由 $\{\tilde{h}_k\}$ 和 $\{h_k\}$ 完全确定，因而可以说滤波器 $\{h_k\}$ 和 $\{\tilde{h}_k\}$ 完全确定了一组双正交小波 $(\phi, \psi, \tilde{\phi}, \tilde{\psi})$。

### 9.5.3　双正交小波的分解与重构

对于任意信号 $f(x) \in L^2(\mathbf{R})$，有如下重构公式：

$$f(x) = \sum_k c_{j,k} \tilde{\phi}_{j,k}(x) + \sum_{j=J}^{\infty} \sum_k d_{j,k} \tilde{\psi}_{j,k}(x) \tag{9.40}$$

式中：$\tilde{\phi}(x)$ 和 $\tilde{\psi}(x)$ 称为重构基；系数 $c_{j,k}$ 和 $d_{j,k}$ 分别由下式确定，即

$$c_{j,k} = \langle f(x), \phi_{j,k}(x) \rangle \tag{9.41}$$

$$d_{j,k} = \langle f(x), \psi_{j,k}(x) \rangle \tag{9.42}$$

这里 $\phi(x)$ 和 $\psi(x)$ 称为分解基。这就是说，在双正交小波情况下，信号的分解与重构采用不同的基。由于对偶关系是对等的，因此原则上用函数 $(\tilde{\phi}, \tilde{\psi})$ 作分解基，而用 $(\phi, \psi)$ 作重构基也是可行的。但从应用观点看，由于重构信号的平滑性主要取决于重构基的平滑性，因此如果平滑性是重要的，那么在两组函数中应选用比较平滑的一组作重构基，而另一组作分解基。

根据式(9.41)和式(9.42)，基于正交小波分解算法可直接推广到双正交小波情况，如图 9.7(a)所示，其中 $\{h'(n)\}$ 和 $\{g'(n)\}$ 的脉冲响应分别为序列 $\{h(n)\}$ 和 $\{g(n)\}$ 的镜像共轭，并分别称为分解低通滤波器和分解高通滤波器。

根据式(9.40)，重构过程如图 9.7(b)所示，其中的重构低通滤波器和重构高通滤波器脉冲响应分别为 $\{\tilde{h}(n)\}$ 和 $\{\tilde{g}(n)\}$。

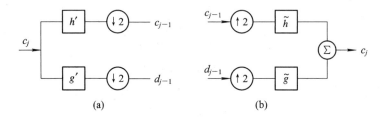

图 9.7　双正交小波的分解与重构

(a) 分解；(b) 重构

## 思　考　题

1. 相邻尺度空间的尺度系数的递推关系是什么？如何理解滤波器 $h(n)$ 在这里的作用？
2. 推导公式(9.14)。

# 第 10 讲　小波分析的应用举例

　　小波分析的应用与小波理论的研究相辅相成。小波分析的应用领域十分广泛，目前还在发展扩大之中。本讲仅列举一些小波分析的典型应用，包括小波分析在信号的突变特征检测、图像压缩编码、信号去噪与增强等方面的应用。

10.0

## 10.1　小波变换表征信号的突变特征

　　信号和图像急剧变化之处往往携带重要信息，这些急剧变化之处就是信号的突变点或奇异点。突变点或奇异点往往包含信号源固有特征或信号源在某些部位出现异常或故障的重要信息。如电力系统电网故障、心电图中的 QRS 波群、地球物理勘探中地质带的破碎与空洞等都对应于测试信号的突变或异常。

10.1.0

对图像信号来说，突变的像素点通常对应于图像结构纹理与边缘，而纹理与边缘正是图像信息的最主要部分，它是影像匹配、图像识别、目标检测、计算机视觉等应用的关键技术。虽然奇异点发生的背景不同，但作为信号都涉及如何提取其中突变点的位置和如何判定其奇异性大小的问题。

　　本节首先讨论信号的突变点与小波变换系数模的极值点或过零点的关系，以及信号奇异性的大小与小波变换系数的极值随尺度的变化规律和相互关系。

### 10.1.1　信号的多尺度奇异性检测原理

　　信号的多尺度奇异性检测是先将信号在不同的尺度上用一个低通平滑函数 $\theta(t)$ 进行平滑处理，然后对信号的一阶导数或二阶导数进行分析，以检测出

10.1.1

其信号的突变位置。而信号经平滑后再求导等价于直接用平滑函数的导数对信号作处理。此外，由傅里叶变换的微分特性可知，任何一个低通平滑函数的各阶导数必定都是带通函数。

　　低通平滑函数 $\theta(t)$ 应满足以下两个条件：

$$\begin{cases} \displaystyle\int_{-\infty}^{\infty} \theta(t)\,\mathrm{d}t = 1 \\ \displaystyle\lim_{|t|\to\infty} \theta(t) = 0 \end{cases} \tag{10.1}$$

高斯函数是个很好的平滑函数，其表达式为

$$\theta(t) = \frac{1}{\sqrt{2\pi}}\mathrm{e}^{-\frac{t^2}{2}}$$

$\theta(t)$是一个低通平滑偶对称函数，可以作为尺度函数。令

$$\theta'(t) = \frac{-1}{\sqrt{2\pi}}t\mathrm{e}^{\frac{-t^2}{2}} \tag{10.2}$$

$$\theta'(t) = \frac{1}{\sqrt{2\pi}}(1-t^2)\mathrm{e}^{\frac{-t^2}{2}} \tag{10.3}$$

由式(10.2)和式(10.3)可知：$\theta'(t)$是一个局部奇对称带通函数；而$\theta'(t)$是一个局部偶对称带通函数。易知$\theta'(t)$、$\theta'(t)$均满足小波函数允许性条件，即

$$\int_{-\infty}^{\infty}\theta'(t)\mathrm{d}t = 0, \quad \int_{-\infty}^{\infty}\theta'(t)\mathrm{d}t = 0$$

故$\theta'(t)$、$\theta'(t)$均可用作小波母函数。

它们与信号的内积(或卷积)起到使信号平滑的作用，其数学表达式为

$$x(t)*\theta(t) = \int_{\mathbf{R}}x(\tau)\theta(t-\tau)\mathrm{d}\tau$$

$$x(t)*\theta'(t) = \int_{\mathbf{R}}x(\tau)\frac{\mathrm{d}}{\mathrm{d}t}[\theta(t-\tau)]\mathrm{d}\tau = \frac{\mathrm{d}}{\mathrm{d}t}[x(t)*\theta(t)]$$

$$x(t)*\theta'(t) = \int_{\mathbf{R}}x(\tau)\frac{\mathrm{d}^2}{\mathrm{d}t^2}[\theta(t-\tau)]\mathrm{d}\tau = \frac{\mathrm{d}^2}{\mathrm{d}t^2}[x(t)*\theta(t)]$$

则信号经平滑后再求导等价于直接用平滑函数的导数对信号作处理。对任意函数$g(t)$引入如下记号：

$$g_a(t) = \frac{1}{a}g\left(\frac{t}{a}\right) \quad (a>0) \tag{10.4}$$

以$\theta'(t)$为小波函数，信号$x(t)$在尺度为$a$、位移为$t$的卷积型小波变换的定义为

$$\mathrm{WT}'_a x(t) = x(t)*\theta'(t) = \frac{1}{a}\int_{\mathbf{R}}x(\tau)\theta'\left(\frac{t-\tau}{a}\right)\mathrm{d}\tau \tag{10.5}$$

这里，$a$表示小波的尺度，"′"为小波函数的一阶导数。对应于$\theta'(t)$的小波变换为

$$\mathrm{WT}''_a x(t) = x(t)*\theta'(t) = \frac{1}{a}\int_{\mathbf{R}}x(\tau)\theta'\left(\frac{t-\tau}{a}\right)\mathrm{d}\tau \tag{10.6}$$

由$\theta'(t)$、$\theta'(t)$的定义可将式(10.5)和式(10.6)分别表示为

$$\mathrm{WT}'_a x(t) = x(t)*\left(a\frac{\mathrm{d}\theta_a}{\mathrm{d}t}\right)(t) = a\frac{\mathrm{d}}{\mathrm{d}t}(x*\theta_a)(t) \tag{10.7}$$

$$\mathrm{WT}''_a x(t) = x(t)*\left(a\frac{\mathrm{d}^2\theta_a}{\mathrm{d}t^2}\right)(t) = a^2\frac{\mathrm{d}^2}{\mathrm{d}t^2}(x*\theta_a)(t) \tag{10.8}$$

由式(10.7)和式(10.8)可知，小波变换$\mathrm{WT}'_a x(t)$和$\mathrm{WT}''_a x(t)$可以看作信号$x(t)$在尺度$a$下经平滑函数$\theta(t)$平滑处理后的一阶导数与二阶导数。由于$\theta'(t)$和$\theta'(t)$的局部奇、偶特性，将$\theta'(t)$和$\theta'(t)$分别与阶跃函数、脉冲函数作卷积，其奇偶性变化如图10.1所示。

图10.1说明了利用小波变换的过零点和极值点检测信号局部突变的基础。突变点的位置有时是由小波变换的过零点反映的，有时是由其极值点反映的。由于过零点易受噪声干扰，因此，一般通过寻找小波变换的极值点来检测信号的突变点。即对于阶跃型突变点，利用形如$\theta'(t)$这样的反对称小波；对于脉冲型突变点，则利用形如$\theta'(t)$这样的对称小波。

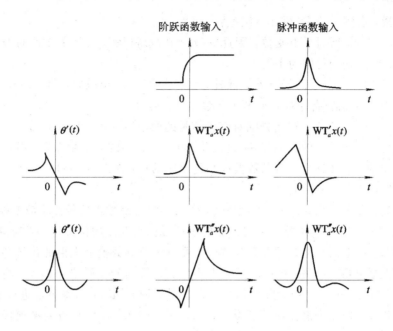

图 10.1  $\theta'(t)$、$\theta''(t)$对局部奇、偶函数卷积的影响

## 10.1.2  小波变换模极大值与奇异点的关系

设信号 $x(t)$ 是一个在 $t=t_0$、$t_2$ 时刻具有阶跃变化的函数，将其分别与 $\theta(t)$、$\theta'(t)$、$\theta''(t)$ 作卷积，如图 10.2 所示。

10.1.2

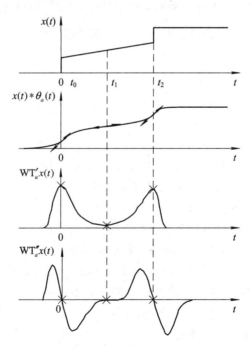

图 10.2  信号突变点与小波变换模极值的关系图

　　具体地说，由图 10.2 可得如下结论：

　　(1) 由于 $\theta(t)$ 是低通平滑函数，因此 $x(t) * \theta_a(t)$ 将信号在突变点处的部分高频量滤去，使它在突变点处变得较为平滑。

　　(2) 由于 $\theta'(t)$、$\theta''(t)$ 的局部奇、偶性，将其与信号作卷积后，信号的突变点对应于 $\text{WT}_a' x(t)$ 的模极大值，或者对应于 $\text{WT}_a'' x(t)$ 的过零点值。

　　(3) $x(t) * \theta_a(t)$ 的三个拐点分别对应于信号的两个突变点 $t=t_0$、$t_2$ 与一个变化平缓点 $t=t_1$，它们均与二阶导数的过零点相对应。但 $x(t) * \theta_a(t)$ 的三个拐点中，既有与一阶导数模极大值对应的点，又有与一阶导数模极小值对应的点，所以由 $x(t) * \theta_a(t)$ 二阶导数过零点不能准确判断信号的突变性质。

　　综上所述，以平滑函数的一阶导数 $\theta'(t)$ 作为小波母函数将信号作小波变换，其小波变换在各尺度下的一阶导数模极大值位置对应于信号的突变点的位置。一般来讲，平滑函数 $\theta_a(t)$ 的尺度越小，它对信号的平滑区间越小，则其一阶导数模极大值的位置与信号突变点的位置对应关系越准。但是，小尺度下的小波变换系数由于易受噪声影响，将会产生许多伪极值点，而在大尺度下，由于在对信号进行平滑处理的同时，对噪声也进行了平滑处理，故极值相对稳定，但因平滑作用其定位又相对较差。因此，在用小波变换模极大值判别其突变点位置时，需要多尺度综合分析方可得到较好的结果。

### 10.1.3　Lipschitz 指数与小波变换模极大值的关系

　　为了解决小波变换模极大值与信号突变点的关系，有必要针对信号局部变化的程度给出一种量度方法。借助于 Taylor 公式，假设给定的函数 $x(t)$ 在 $t_0$ 的某个邻域内具有直到 $n+1$ 阶的导数，则函数在 $t_0$ 处的 Taylor 展开式为

10.1.3

$$
\begin{aligned}
x(t) &= x(t_0) + x'(t_0)(t-t_0) + \frac{x'(t_0)}{2!}(t-t_0) + \cdots \\
&\quad + \frac{x^{(n)}(t_0)}{n!}(t-t_0)^n + o((t-t_0)^{n+1}) \\
&= p_n(t) + o((t-t_0)^{n+1})
\end{aligned}
$$

记 $h=t-t_0$，则有

$$
x(t_0+h) - p_n(t_0+h) = o(h^{n+1})
$$

由此可知 $|x(t_0+h)-p_n(t_0+h)|$ 能够反映函数局部光滑的程度，为此，引进 Lipschitz 指数定义。设信号 $x(t)$ 在 $t_0$ 及其某个邻域具有如下性质：

$$
x(t_0+h) - p_n(t_0+h) \leqslant o(h^\alpha) \qquad (n < \alpha < n+1) \tag{10.9}
$$

其中，$h$ 是一个充分小量，$p_n(t)$ 是平面上过点 $(t_0, x(t_0))$ 的一个 $n$ 次多项式，则称 $x(t)$ 在 $t_0$ 处的 Lipschitz 指数为 $\alpha$。显然，$\alpha$ 大于 $n$，但可能小于 $n+1$。

　　以上的定义是关于 $x(t)$ 在 $t_0$ 一点处的 Lipschitz 指数 $\alpha$，现在将其扩展到一段区间 $[t_1, t_2]$ 上，即要求对于区间 $[t_1, t_2]$ 内的任意两点 $t_0$ 和 $t_0+h$ 都满足式(10.9)所示条件，则称 $x(t)$ 在区间 $[t_1, t_2]$ 内为均匀 Lipschitz 指数 $\alpha$。

　　根据上述定义，有如下结论成立：

　　(1) 若一个信号 $x(t)$ 的 Lipschitz 指数 $\alpha$ 越大，则其光滑性越好；反之，若 $\alpha$ 越小，其光滑性越差，奇异性越大。

（2）若一个信号 $x(t)$ 的 Lipschitz 指数为 $\alpha$，则 $\int x(t)\mathrm{d}t$ 的 Lipschitz 指数为 $\alpha+1$，$\dfrac{\mathrm{d}x(t)}{\mathrm{d}t}$ 的 Lipschitz 指数为 $\alpha-1$。

下面讨论几个特殊函数的 Lipschitz 指数情况。

**1. 斜坡函数**

如图 10.3(a) 所示，由于斜坡函数在 $t_0$ 处只能用一个零次多项式逼近，即

$$|x(t)-p_0(t)|\leqslant o(h^\alpha)\qquad(0<\alpha\leqslant1)$$

故 $\alpha=1$。

**2. 阶跃函数**

如图 10.3(b) 所示，阶跃函数在 $t_0$ 处的光滑性不如斜坡函数好。斜坡函数在 $t_0$ 处的导数为阶梯函数，而斜坡函数在 $t_0$ 处的 Lipschitz 指数为 $\alpha=1$，所以阶跃函数在 $t_0$ 处的 Lipschitz 指数为 $\alpha=0$。

**3. $\delta$ 函数**

如图 10.3(c) 所示，脉冲 $\delta$ 函数在 $t_0$ 处的光滑性不如阶跃函数好。阶跃函数在 $t_0$ 处的导数为 $\delta$ 函数，而阶跃函数在 $t_0$ 处的 Lipschitz 指数为 $\alpha=0$，所以 $\delta$ 函数在 $t_0$ 处的 Lipschitz 指数为 $\alpha=-1$。

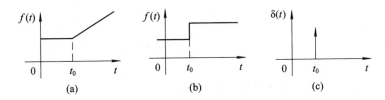

图 10.3　几个特殊的函数
（a）斜坡函数；（b）阶跃函数；（c）脉冲函数

以上定义并讨论了 Lipschitz 指数，下面讨论小波变换模极大值在多尺度上的表现与 Lipschitz 指数之间的关系。

假设小波函数 $\psi(t)$ 连续可微，并且在无穷远处的衰减率为 $O\left(\dfrac{1}{1+t^2}\right)$。Mallat 已经证明：如果信号 $x(t)$ 在区间 $[t_1,t_2]$ 内的 $a$ 尺度的小波变换满足：

$$|\mathrm{WT}_a x(t)|\leqslant ka^\alpha$$

$k>0$ 是一个与小波函数有关的常数，则 $x(t)$ 在区间 $[t_1,t_2]$ 中为均匀 Lipschitz 指数 $\alpha$。

对于二进小波变换 $a=2^j$，取以 2 为底的对数，则有

$$\ln|\mathrm{WT}_{2^j} x(t)|\leqslant\ln k+j\alpha\qquad(10.10)$$

式中，$j\alpha$ 项将小波变换的尺度 $j$ 与 Lipschitz 指数 $\alpha$ 联系起来。具体说明如下：

当 $\alpha>0$ 时，小波变换模极大值随尺度 $j$ 的增大而增大。如图 10.4 所示为斜坡函数在 $t=1$ 和 $t=4$ 处小波变换模极大值随尺度的增大而增大。

当 $\alpha<0$ 时，小波变换模极大值随尺度 $j$ 的增大而减小。如图 10.4 所示为脉冲函数在 $t=3$ 处小波变换模极大值随尺度的增大而减小。

　　当 $\alpha=0$ 时，小波变换模极大值不随尺度 $j$ 的变化而变化。如图 10.4 所示为阶跃函数在 $t=2$ 处小波变换模极大值不随尺度的变化而变化。

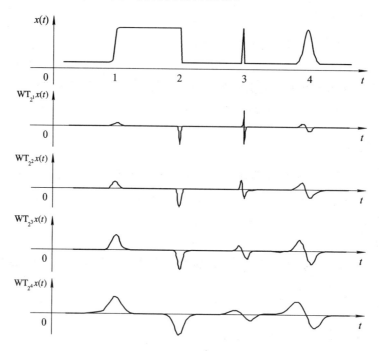

图 10.4　几种突变信号的小波变换模极大值随尺度的变化关系

### 10.1.4　信号奇异值检测的应用

　　心电图（ECG）作为心脏的电活动在体表的综合表现，蕴涵着丰富的反映心脏节律及其电传导的生理和病理信息，是临床诊断的重要依据。正常的ECG 信号主要由 QRS 波、P 波、T 波、U 波组成，其中 QRS 波的检测是 ECG 信号识别分析的关键问题。只有正确定位 QRS 波，才能定位其他特征波，从而计算心率或者进行心率变异分析。因此，提高 QRS 波的检测率和检测速度对 ECG 信号的正确识别至关重要。

　　QRS 波检测的目标就是在不断提高检测率的条件下尽可能地提升速度。基于小波变换的 QRS 波检测方法是最有代表性的方法之一，即应用合适的小波进行多层分解，在符合特征的尺度内，通过寻找小波变换的模极大、极小值之间的过零点来确定 R 波的位置。而小波基的选择和阈值的选择直接影响检测的准确度和时间，这也正是小波变换检测 QRS 波的关键。在下面介绍的 QRS 波检测算法中，选取适宜在噪声情况下检测奇异点且滤波器系数较少的三次 B 样条小波作为小波基，并通过自适应阈值方法找到小波系数的模极大值，从而确定 R 波峰值点，并在 QRS 波的起点和终点定位时采用运算量较少的零基准原则提高检测速度。

　　图 10.5 所示为 R 波的位置与小波变换模极大值的关系。R 波的位置一般为模极大、极小值之间的对应过零点。图 10.5 中为小波变换第三层的模极大值序列。

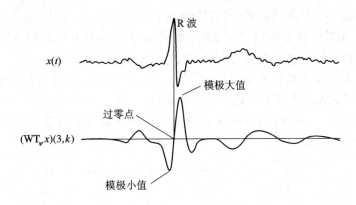

图 10.5　R 波的位置与小波变换模极大值的关系

三次 B 样条小波具有样条小波的良好特性和良好收敛性以及滤波器系数较少的特点，此外，它在强噪声情况下检测奇异点是样条小波系列中最优的。利用信号奇异性与小波变换模极大值的关系，经过 Mallat 快速变换之后，QRS 波的起点和终点对应于小波变换的一对符号相反的模极大值，R 波的峰值点对应于模极大值的过零点，在较大尺度上有 $\dfrac{2^j - 1}{2}$ 的偏差。

由心电图的功率谱密度可知，若对 ECG 信号进行四层小波分解，则 QRS 波的能量集中在 $2^3$ 尺度上，所以算法在 $2^3$ 尺度上选取距离不超过 120 ms 的正负模极大值对，以其零交叉点作为 R 波的位置，然后对偏差进行修正。设 $R_{\text{th}}^j$ 是小波变换尺度 3 下模极大值的初始阈值。图 10.6 所示为 $2^3$ 尺度上的模极大值对，再通过经验选取的自适应阈值除去冗余的模极大值，找到这些模极大值对应的过零点就可以确定 R 波的位置。

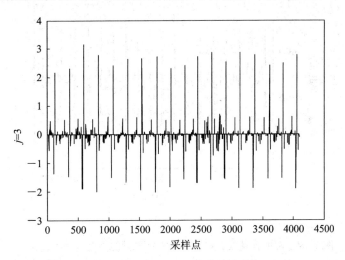

图 10.6　小波变换后 $2^3$ 尺度上的模极大值对的位置

确定 QRS 波起止点时采用零基准原则。小波变换在尺度 $2^3$ 上除了 QRS 波的变换位置，其他部分基本上与基线重合。基于零基准原则，搜索尺度 $2^3$ 上 QRS 波群变换成分的起止点作为实际 QRS 波群的起止点。因为其他成分基本与零基线重合，所以检测过程简单，并不受 QRS 波群多成分复杂性的影响。在确定出 QRS 波的起止点之后，根据不应期（心肌细胞或组织激动后不应性所持续的时间)原则,即 RR 间期阈值原则去掉多检点,补偿漏检点。在平均 RR 间期 1.66 倍的时间间隔内,如果没有 QRS 波,就取初始阈值的 0.5 再次检测,以避免漏检。1.66 这个参数是根据实验特征选取的经验值。

仿真实验采用的实验数据来自美国麻省理工学院的 MIT-BIH 数据库的 48 组心电数据。对几组带有严重基线漂移和工频干扰的数据进行检测,采样频率为 360 Hz,设定窗口长度为 4096 个采样点,这两组数据选取的是二级导联信号的数据,仿真实验结果如图 10.7 所示。

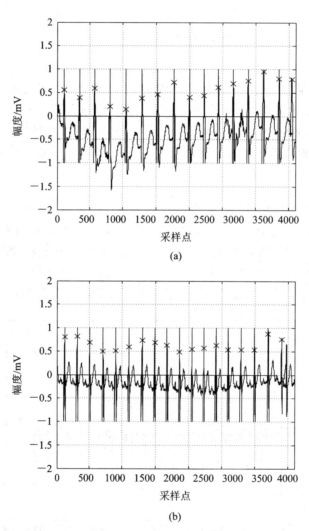

图 10.7　两组含基线漂移和工频干扰严重的心电信号检测结果

(a) 109 号数据检测结果;(b) 215 号数据检测结果

图 10.7 所示的两组干扰严重的数据在采样范围内都有很高的检测准确度。图 10.7 中,"×"号表示 R 波的波峰,黑线标出的是 QRS 波的起止点。使用三次 B 样条小波作为小波基,并结合自适应阈值的方法进行 QRS 波检测,为 ECG 信号的进一步分析提供了基础工作。

## 10.2　小波分析在图像压缩编码中的应用

10.2

### 10.2.1　图像压缩编码基本概念

图像信号中往往存在多种冗余成分,如空间冗余、信息熵冗余、视觉冗余和结构冗余。在同等的通信容量下,如果图像压缩后再传输,可以使传输的数据量减少,相当于增强了通信能力。图像信号压缩就是去掉各种冗余,保留真正有用的信息。信号压缩的基本目标就是在不损失信号所携带的信息的前提下,尽可能地减少用于存储信号的开销。一般用压缩比和重构误差来度量压缩效果。通常把图像压缩过程称为编码,而恢复图像的过程称为解码。

根据解码后得到的信号是否与原信号一致,将压缩分为无损压缩和有损压缩两大类。有损压缩也称为有失真编码,它允许还原得到的图像与原图像存在一些误差,但视觉效果一般是可以接受的。根据有失真编码原理,将其分为预测编码、变换编码、量化编码、信息熵编码、分频带编码等多种方法。其中,预测编码是针对统计冗余进行的(因为图像的相邻像素之间有很强的相关性,所以一个像素可以用与它相邻的并且已被编码的像素来进行预测);变换编码是将图像信号经过傅里叶变换等数学变换,从空域变换到频域,而空间的相关性反映在频域的能量集中性,或者变换系数矩阵分布具有某种规律性,通过对变换系数分配量化比特数达到压缩目的;信息熵编码是根据信息熵原理,让出现概率大的信号用短的码字表示,反之用长的码字表示,总体上达到压缩目的。

基于小波变换的图像的压缩方法属于变换编码,其基本思想是图像经过小波变换后,其小波系数所占的存储空间尽可能小,同时还要保证压缩后的系数能够精确地反映原图像所携带的信息。小波变换的压缩方法的特点是压缩比高,压缩速度快,压缩后能保持信号与图像的特征不变,且在传输过程可以抗干扰。当前常规小波编码器都采用变换编码形式。变换编码主要由解相关变换过程、量化过程和熵编码过程三部分构成。

### 10.2.2　小波变换图像压缩编码的基本框架

小波变换图像压缩编码首先要解决的问题是小波基的选择。但是,对于图像编码,很难确定哪种小波基是最优的,因为诸如光滑性、小波基支撑的尺寸以及频率选择性等指标都很重要,在不同的要求下会产生不同的结果。另外,现在几乎所有的小波编码器采用的都是可分离二维小波变换,这使得可把二维小波基的设计转化为一维小波基的设计。小波变换是一种信息保持型的可逆变换,原来信号的信息完全保留在小波变换的系数中。理论上讲,分解后的信号可以准确地恢复到原信号,但并非所有的小波基都适合图像数据的分解,选择的小波基的合适与否直接影响到最终的压缩效果。在图像编码时,要尽量选择消失矩大、正则性好的双正交小波,这样才可能得到质量好一点的图像,而且尽可能优先保证重构小波的正则性。在最优基的选择方面,研究者们已经做了大量的工作,研究表明样条小波对基于近似理论的编码应用较为有效;大量的实验结果说明在压缩应用中,正交基的光滑性比较重要。实际中常使用的小波基介于一阶和二阶连续可微,更好的光滑性似乎并不能对编码产生明显的改善。

一幅图像作小波分解后，可得到一系列不同分辨率的子图像。从子图像可以看出，高分辨率的高频子图像中的大部分点上的系数都接近零，频率越高，这种现象越明显，这样，对这些点就可以进行压缩。由一维小波采用张量积构成的可分离的二维小波变换，是将原始图像分解成一个低频子图像和三个方向的高频子图像(如图 10.8(a)所示)，也就是每一层分解为四个子图像。低频子图像又可以再分解成四个子图像(如图 10.8(b)所示)，所以总的子图像数为 $3k+1$，其中 $k$ 为分解层数。有三个因素决定 $k$ 值，即图像的复杂程度、滤波器的长度和子图像的信息量。当一个子图像分成四个子图像时，要求分成的四个子图像的熵值的和很小，否则就不值得再分解。

使用小波变换把图像分解成各种子带的方法有很多种，如均匀分解、非均匀分解、八带分解和小波包分解等。八带分解是使用最广泛的一种分解方法。这种分解方法属于非均匀频带分割方法，它把低频部分分解成比较窄的频带，而对每一级分解的高频部分不再进一步分解。图 10.8(c)所示为 Lena 图像数据的八带分解。

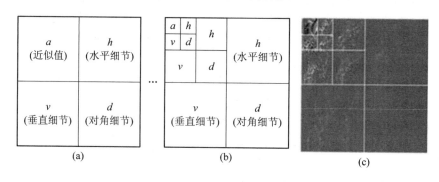

图 10.8　Lena 图像数据的八带分解

(a) 一级分解；(b) 三级分解；(c) Lena 三级分解图

图像经过小波变换被分解为若干级，对于同一级图像，低频子图像 $\mathrm{LL}_j$ 最重要，其次是 $\mathrm{HL}_j$ 和 $\mathrm{LH}_j$，高频 $\mathrm{HH}_j$ 不重要。对于不同级来讲，级高者重要，级低者不重要。所以，子图像按照其重要性排序为 $\mathrm{LL}_k$，$\mathrm{HL}_k$，$\mathrm{LH}_k$，$\mathrm{HH}_k$，$\mathrm{HL}_{k-1}$，$\mathrm{LH}_{k-1}$，$\mathrm{HH}_{k-1}$，$\cdots$，$\mathrm{HL}_1$，$\mathrm{LH}_1$，$\mathrm{HH}_1$。如图 10.9 所示为三级小波子图像的扫描顺序。

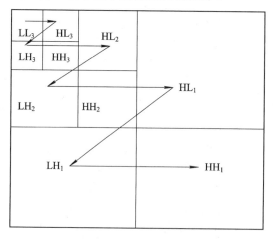

图 10.9　三级小波子图像的扫描顺序

　　一幅图像的嵌入式编码类似于实数的二进制编码。一个实数可以用一串二进制数表示，小数点右边的位数越多，二进制编码就越精确，即给实数"编码"，这种"编码"可以在任何时刻结束并提供在此精度上对该实数的"最好"表示。而嵌入式编码是把一幅图像变成一个比特流，与实数的二进制表示类似，这些比特是按照其重要性进行排序的，这样，嵌入式编码者可以在任何时刻结束并提供在该比特率下图像的"最好"表示。

　　一个典型的低比特图像编码包括变换、量化和数据压缩三个基本部分。原始图像经过某种无损变换产生变换系数，变换系数被量化产生符号流，符号流中的每一个符号对应特殊量化箱中的一个指标。图像编码的目的是量化变换系数，使得到的量化箱指标的分布熵能小到使字符在一个低比特率上被熵编码。为了改善小波系数重要图的压缩，定义一个零树的数据结构——Shapiro 的嵌入式零树编码算法 EZW（Embedded Zerotree Wavelet）。EZW 利用了一幅图像的小波变换在不同级之间的相似性。Shapiro 假定：如果在粗分辨率中一个小波系数是无效的，则所有在同一空间位置和方向上的系数也极有可能是无效的。结果表明，这个假定是相当有效的。Shapiro 把小波系数组织成一系列的四叉树形结构，如图 10.10 所示。零树根节点意味着所有在此子树上的小波系数都是不重要的，因而除了要对树根进行编码外，其他的节点都不需要编码。为了获得很低的比特率，零树根符号的概率必须很高。各系数编码的顺序如图 10.10 所示。扫描从最低频率子带 $LL_3$（假定是三级分解）开始，结束于 $HH_1$。在移到下一子带之前，要把当前子带的系数全部扫描完，且所有的父节点先于子节点被扫描。显然，这种扫描方式在编码端和译码端都是一样的。

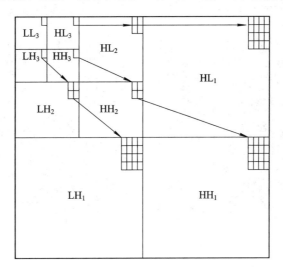

图 10.10　三级 DWT 时的父子依赖关系

### 10.2.3　图像压缩步骤及仿真实验结果

　　图像压缩的具体步骤如下：

　　（1）利用小波的一维、二维信号分解与重构的理论实现图像的分解，还包括对图像信号进行规范化处理、数据格式转换和绘图细节处理等。

　　（2）选择对称周期边界延拓方法对待压缩传输的图像进行边界延拓。

（3）选择合适的小波滤波器，按照一定级数对延拓后的图像进行小波分解，产生多个频带的小波系数。

（4）确定 EZW 编码的初始值和传输码率。按照 EZW 编码方法对各个频带的小波系数进行多次扫描、量化、编码，直到达到给定的传输码率，从而得到压缩的传输码流。

（5）对压缩的传输码流进行 EZW 解码得到图像小波系数，对小波系数进行逆小波变换得到重建图像。

采用 db1、db8 和 bior6.8 三种小波基分别对图像 Lena.tif、baboon.tif 进行三层二维小波变换，得到不同尺度下的小波系数；舍弃部分高频系数，即舍弃第一层分解的所有细节分量和第二、三层的细节分量，直接用余下的小波系数图像重构。其重构后的图像分别如图 10.11 和图 10.12 所示。

(a)　　　　　　　　　　　(b)

(c)　　　　　　　　　　　(d)

图 10.11　使用不同的小波基对 Lena.tif 进行的分解与重构

（a）原始图像；（b）基于 db1 小波基的重构图像；

（c）基于 db8 小波基的重构图像；（d）基于 bior6.8 小波基的重构图像

从图 10.11 和图 10.12 可以看出，使用具有不同消失矩的小波基对图像进行压缩时，其所重构图像的质量也是不同的。用具有高消失矩的小波对图像进行分解，可以更好地将图像的能量集中在低频部分，即使是舍弃较多的高频部分也能得到较高质量的重构图像。

下面讨论关于使用不同频率的小波系数重构出的图像质量问题。使用 bior6.8 小波基对图像 Lena.tif 进行三级分解，分别采用舍弃最高频率分量、舍弃最高分量与次最高分量来进行图像重构，重构后的图像效果如图 10.13 所示。

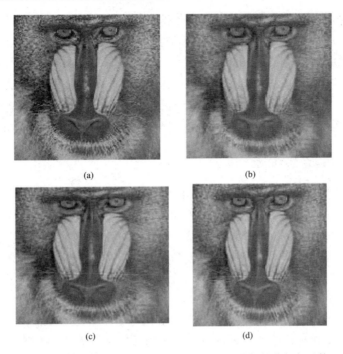

图 10.12　使用不同的小波基对 baboon. tif 进行的分解与重构
（a）原始图像；（b）基于 db1 小波基的重构图像；
（c）基于 db8 小波基的重构图像；（d）基于 bior6.8 小波基的重构图像

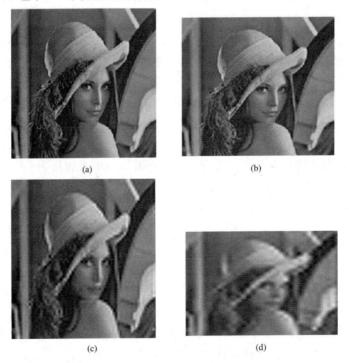

图 10.13　使用不同尺度的小波系数重构的图像
（a）原始图像；（b）由第二、三层小波系数重构的图像；
（c）由第三层小波系数重构的图像；（d）由第三层低频小波系数重构的图像

使用小波变换对图像进行压缩时，若对图像的质量要求不高，则可以多舍弃些高频系数，如图 10.13(c)仅用了最后一次分解的小波系数进行重构，仍能得到较好的视觉效果。但若舍弃高频系数过多，则重构图像的质量就会大大下降，如图 10.13(d)所示。

## 10.3　小波分析在信号去噪与增强中的应用

### 10.3.1　小波去噪方法概述

10.3.1

实际工程中采集到的信号往往被噪声干扰，需要去噪处理才能有效地表现原信号中的有用信息。一般信号通常表现为低频或一些比较平稳的部分，而噪声通常表现为高频成分。对含有噪声的信号作小波分解，噪声主要表现在各个尺度上的高频部分，且噪声的幅值随尺度的增大和分解层数的增多而快速衰减，并且噪声在各个不同尺度上的表现也是不相关的。尤其是对于非平稳信号，除了含有有用的低频成分外，本身可能包含尖峰和突变等高频部分，噪声也可能是非平稳的白噪声。对非平稳信号作滤波预处理时，既要消除噪声所表现的高频分量，又要保留那些反映信号突变部分的高频分量。因此，如果使用传统的傅里叶分析的低通滤波方法，当低通滤波器的通带频率范围较小时，滤波后信号的突变部分变得平滑，因为反映突变部分的高频分量被当作噪声滤除掉了；而当低通滤波器的通带频率范围较大时，信号突变部分虽然得到体现，但信号中仍然存在大量的噪声。

正交小波分解具有自适应时频局部分析能力。在信号的突变部分，某些小波分量表现幅度大，与噪声在高频部分的均匀表现正好形成明显对比。因此，正交小波分解能有效地区分信号中突变部分呈现的高频分量和噪声呈现的高频分量，而且，正交小波包分解能更加细致地表现信号突变部分的高频分量，也能明显地表现低频信号中所混杂的噪声的高频分量，这正是正交小波包分解能够有效地对非平稳信号进行去噪处理的关键所在。

小波去噪是小波变换较为成功的应用，其基本思路是将带噪信号经过小波变换后，把信号分解到各个尺度中，在每一尺度下把属于噪声的小波系数去掉，保留并增强信号的小波系数，最后再经过小波反变换恢复原信号，达到去噪与增强的目的。

小波系数萎缩法和小波系数相关法是小波去噪的两种主要方法。

小波系数萎缩法是目前研究和运用得最为广泛的方法。小波系数萎缩法又分为如下两类：一类是阈值萎缩，另一类是比例萎缩。阈值萎缩主要是基于在小波分解高频子空间中，比较大的小波系数一般都以实际信号为主，而比较小的系数在很大程度上都由噪声产生，因此可以通过设定合适的阈值，首先将小于阈值的系数置零，而保留大于阈值的小波系数，再通过一个阈值函数映射到估计系数，最后对估计系数进行逆变换，就可以实现去噪后的信号重构。但当噪声水平比较高时，容易将原图像的高频部分模糊掉。另一类萎缩方法则通过判断系数被噪声污染的程度，并为这种程度引入如概率和隶属度等各种度量方法，进而确定萎缩的比例，所以这种萎缩方法又被称为比例萎缩。

小波系数相关方法是基于信号在各层相应位置上的小波系数之间往往具有很强的相关性，而噪声的小波系数则具有弱相关或不相关的特点来进行去噪的。

目前，小波阈值去噪方法是最广泛的方法，这种非线性滤波方法之所以特别有效，就是由于小波变换具有一种"集中"的能力，它可以使信号的能量在小波变换域集中在少数系数上。因此，这些系数的幅值必然大于在小波变换域内能量分散于大量小波系数上的噪声的幅值，这意味着对小波系数进行阈值处理，可以在小波变换域中去除低幅值的噪声和不期望的信号，然后运用小波反交换得到去噪后的重构信号。

对于二维图像信号，小波去噪和图像增强往往结合在一起，两者原理基本相同，但也有一些细微的差别，具体比较如下：

（1）图像去噪。小波图像去噪就是利用具体问题的先验知识，根据信号和噪声的小波系数在不同尺度上具有不同性质的机理，构造相应规则，在小波域采用数学方法对含噪信号的小波系数进行处理。实际中，有用信号通常表现为低频信号或较平稳信号，而噪声则表现为高频信号。其消噪过程为：首先对实际信号进行小波分解，选择合适小波基并确定分解层次，其次对小波分解的高频系数进行处理，再对处理后的小波系数进行重构，即为去噪后的图像信号。

（2）图像增强。基于小波变换的图像增强，根据信号和噪声在不同尺度上小波系数的不同性态，对不同尺度的小波系数构造相应的规则进行处理。处理的实质在于减少甚至消除噪声产生的系数，并能最大限度地保留有效信号的系数，同时对感兴趣的细节加以一定的增强，使边缘、细节更清晰，最后再由增强后的系数重构图像。因此，增强算法的主要内容在于对原始信号的小波系数进行处理，以达到减少噪声和突出细节的目的，从而改善图像的视觉效果。所以，可以采用不同的阈值算法来减少噪声并增强不同尺度的图像细节分量。在实际应用中，可以首先利用噪声在小波分解系数中的分布特点去噪，然后根据噪声水平和感兴趣的细节所处的尺度来选用不同的增强函数，这种增强方法非常符合人眼的视觉特性。

## 10.3.2 小波阈值去噪的原理与步骤

小波阈值去噪方法的基本思想是，当小波系数 $d_{j,k}$ 小于某个临界阈值时，认为这时的小波系数主要是由噪声引起的，可予以舍弃；当小波系数 $d_{j,k}$ 大于这个临界阈值时，认为这时的小波系数主要是由信号引起的，就把这一部分的小波系数 $d_{j,k}$ 直接保留下来（硬阈值方法），或者按某一个固定量向零收缩（软阈值方法），然后用新的小波系数进行小波重构，得到去噪后的信号。

10.3.2

此方法可通过以下三个步骤实现：

（1）对含噪声的信号 $f(t)$ 作小波变换，得到一组小波分解系数 $d_{j,k}$；

（2）通过对分解得到的小波系数 $d_{j,k}$ 进行阈值处理，得出估计小波系数 $\hat{d}_{j,k}$；

（3）利用估计小波系数 $\hat{d}_{j,k}$ 进行小波重构，得到估计信号 $\bar{f}$，即为去噪之后的信号。

小波分析用于去噪过程的核心是在小波系数上作用阈值。阈值的选取直接影响去噪的质量。人们提出了各种理论和经验模型，但没有一种是通用的，它们都有自己的适用范围。在阈值确定之后，阈值的作用方式不同，去噪效果也不同。下一节将着重讨论阈值函数的选取。

## 10.3.3 阈值函数的选取

目前，阈值主要分硬阈值和软阈值两种处理方式。软阈值处理是将信号的绝对值与阈值进行比较，小于或等于阈值的点变为零，大于阈值的点向零收缩，变为该点值与阈值之差。硬阈值处理是将信号的绝对值与阈值进行比较，小于或等于阈值的点变为零，大于阈值的点不变。硬阈值函数的不连续性使得消噪后的信号仍然含有明显的噪声；软阈值处理虽然连续性好，但估计小波系数与含噪信号小波系数之间存在恒定的偏差，当噪声信号很不规则时，显得过于光滑。硬阈值处理可以很好地保留图像边缘等局部特征，但图像会出现振铃、伪 Gibbs 效应等视觉失真，而软阈值处理虽相对平滑，但可能会造成边缘模糊等失真现象，这都是我们在工程去噪中所不希望看到的。

**1. 软阈值函数**

软阈值函数如下：

$$W_s(d, \lambda) = \begin{cases} \mathrm{sgn}(d)(|d| - \lambda) & (|d| \geqslant \lambda) \\ 0 & (|d| < \lambda) \end{cases} \qquad (10.11)$$

其中：$d$ 为小波系数；$\lambda$ 为阈值。由式(10.11)可知，当小波系数的绝对值大于或等于阈值时，阈值函数等于小波系数的绝对值减去阈值；当小波系数的绝对值小于阈值时，阈值函数就为 0。软阈值函数如图 10.14 所示。

虽然软阈值函数在小波域内是连续的，不存在间断点问题，但它的导数是不连续的，因而在求高阶导数时存在困难，并且软阈值对大于阈值的小波系数采取恒定压缩，这与噪声分量随小波系数增大而逐渐减少的趋势不相符。

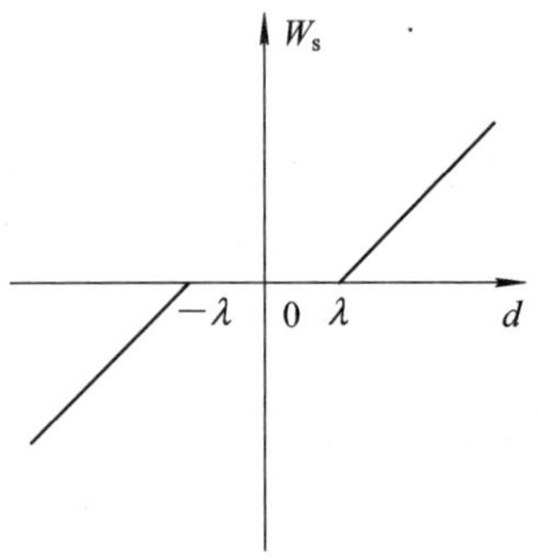

图 10.14　软阈值函数

**2. 硬阈值函数**

硬阈值函数如下：

$$W_h(d, \lambda) = \begin{cases} d & (|d| > \lambda) \\ 0 & (|d| \leqslant \lambda) \end{cases} \qquad (10.12)$$

由式(10.12)可知，当小波系数的绝对值大于阈值时，阈值函数等于小波系数；当小波系数的绝对值小于或等于阈值时，阈值函数就为 0。硬阈值函数如图 10.15 所示。

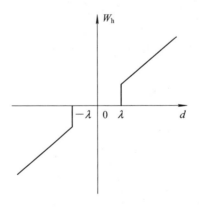

图 10.15　硬阈值函数

硬阈值函数在整个小波域内是不连续的，在 $\lambda$ 和 $-\lambda$ 存在间断点，这与实际应用中常常要对阈值函数进行求导运算存在矛盾，具有一定的局限性；同时，它只对小于阈值的小波系数进行处理，对大于阈值的小波系数不加处理，这与实际情况下大于阈值的小波系数中也存在噪声信号的干扰不相符。

由图 10.14 和图 10.15 可以看出软阈值函数虽然整体连续性好，但会丢掉某些特征，这将直接影响重构信号与真实信号的逼近程度；硬阈值函数整体不连续，在去噪后的信号中会出现突变的振荡点，当噪声水平较高时尤为明显。另外，软、硬阈值函数都是分段函数，导数不连续，没有二阶以上的连续导数。因此，很多研究中都设计了一种新的阈值函数使其相对于软、硬阈值函数有良好的去噪效果，能更好地反映原始信号的特征。

**3. 小波阈值的改进**

小波阈值去噪方法除了阈值函数的选取，另一个重要环节是对阈值的具体估计。阈值主要由噪声方差的估计值和子带系数的能量分布共同确定，大部分情况下，需要从观测数据中估计噪声方差。如果阈值选取过小，则去噪后的信号仍然有噪声存在，造成去噪不完全；相反，如果阈值选取过大，则部分有用信号将被误认为是噪声而被滤除掉，引起偏差。由于噪声的小波变换系数随尺度的增大而减小，因此对信号进行去噪时，不同的分解层阈值的选取应该有所不同，并且随分解尺度的增加阈值应该有所减小。

图 10.16 所示为强制去噪、默认阈值去噪、给定软阈值去噪的效果对比图。评价去噪效果的准则有光滑性和相似性两点。光滑性是指在大部分情况下，去噪后的信号应该至少和原信号具有同等的光滑程度；相似性是指去噪后的信号和原信号的方差估计应该是最坏情况下的方差最小。

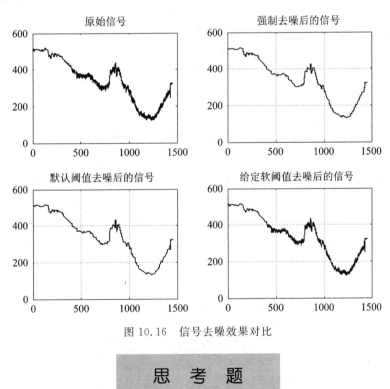

图 10.16　信号去噪效果对比

## 思 考 题

1. 信号的奇异点与小波变换的过零点和极值点有何关系？如何应用小波变换的多尺度分析来检测信号的奇异点？

2. 应用小波变换进行信号去噪的关键是什么？

# 附录　MATLAB 小波分析工具箱简介

MATLAB 小波分析工具箱是运行于 MATLAB 工程计算环境下的一个函数集，提供了在 MATLAB 环境下运用小波与小波包进行数学计算的函数与工具，也提供了基于小波变换分解与重构的信号和图像分析与处理的函数及工具。MATLAB 小波分析工具箱是一个很好的算法研究和工程设计、仿真及应用平台，特别适合信号和图像分析、综合、去噪、压缩等领域的研究人员使用。

MATLAB 小波分析工具箱包含图像化的工具和命令行函数，它可以实现如下功能：

（1）测试、探索小波和小波包的特性；

（2）测试信号的统计特性和信号的组分；

（3）对一维信号执行连续小波变换；

（4）对一维、二维信号执行离散小波分析和综合；

（5）对一维、二维信号执行小波包分解；

（6）对信号或图像进行压缩、去噪。

## 一、GUI 形式

MATLAB 小波分析工具箱的一种实现方式是图形用户接口（Graphical User Interface，GUI）。其主要特点是处理方法相对固定，界面友好，在解决特定问题的时候方便快捷，而且 GUI 提供了丰富的数据处理功能，用户可以很方便地将处理过程中的数据导入或导出，便于以后进一步的处理。图形化界面提供了基于一维离散小波变换、二维离散小波变换等的分析工具的图形界面，友好的图形界面使得初学者能够轻而易举地完成小波变换。要使用此方式，在命令行键入 wavemenu，就会出现如附图 1 所示的小波工具箱的图形界面。

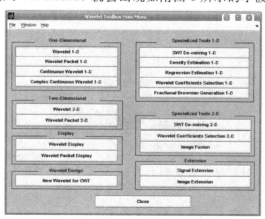

附图 1　小波工具箱的 GUI 界面

各个部分说明如下：

附图 2 是一维小波的分析界面，包含分析一维离散小波、一维离散小波包、一维连续小波和一维复信号连续小波的工具。

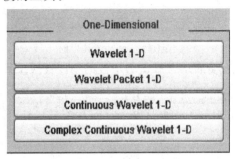

附图 2　一维小波的分析界面

附图 3 是处理一维小波信号的特殊的工具界面，包含一维平稳小波除噪工具、一维小波密度估计器、一维小波回归估计器、一维小波系数选择工具和一维小波分数布朗生成工具。

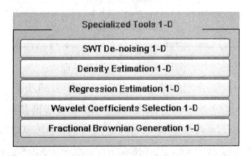

附图 3　处理一维小波信号的特殊的工具界面

附图 4 是二维小波的分析界面，包含二维离散小波的分析工具和二维离散小波包的分析工具。

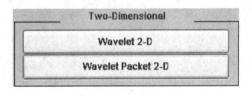

附图 4　二维小波的分析界面

附图 5 是处理二维小波信号的特殊的工具界面，包含二维平稳小波除噪工具、二维小波系数选择工具和图像融合工具。

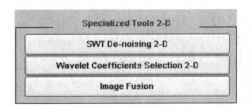

附图 5　处理二维小波信号的特殊的工具界面

附图 6 是显示工具界面，包含小波显示工具和小波包显示工具。

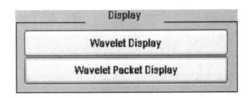

附图 6　显示工具界面

附图 7 是小波设计工具界面,含有新的小波的小波变换工具。

附图 7　小波设计工具界面

附图 8 是扩展的工具界面,包含信号的扩展和图像的扩展。

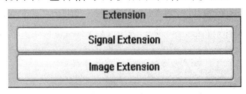

附图 8　扩展的工具界面

　　下面以一维小波工具箱为例,说明一维连续小波分析的图形工具箱的使用方法。

　　首先选择菜单 File→Load Signal,在 Load Signal 对话框里选择 noissin. mat 文件加载信号文件,如附图 9 的 Analyzed Signal 所示;然后选择小波类型,设置采样周期、尺度模

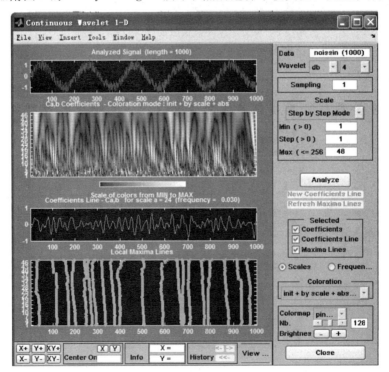

附图 9　一维信号分析界面

式、颜色映射模式，选中 Coefficients\Coefficients Line\Maxima Lines，单击 Analyze 按钮，经过计算后将绘制小波系数，并在 Coefficients Line 坐标系中绘制尺度为 24 的小波系数，在 Local Maxima Lines 坐标系中绘制各尺度的小波系数最大值，如附图 9 所示。如果想放大细节观看，则可在系数框中按鼠标左键选择放大的范围，或者选择左下角按钮进行调节。

## 二、命令行的形式

小波分析工具箱的七类函数包括常用的小波基函数、连续小波变换及其应用、离散小波变换及其应用、小波包变换、信号和图像的多尺度分解、基于小波变换的信号去噪、基于小波变换的信号压缩。

### 1. 常用的小波基函数

在 MATLAB 窗口键入"waveinfo('参数名')"，可以获得小波基的信息，如附表 1 所示。

**附表 1　常用的小波基函数**

| 参数表示 | 小波基的名称 |
| --- | --- |
| morl | Morlet 小波 |
| mexh | 墨西哥草帽小波 |
| meyr | Meyer 小波 |
| haar | Haar 小波 |
| dbN | 紧支集正交小波 |
| symN | 近似对称的紧支集双正交小波 |
| coifN | Coifmant 小波 |
| biorNr. Nd | 双正交样条小波 |

### 2. 计算小波滤波器系数的函数

计算小波滤波器系数的函数如附表 2 所示。

**附表 2　计算小波滤波器系数的函数**

| 参数表示 | 小波基的名称 |
| --- | --- |
| morlet | 计算 Morlet 小波滤波器系数 |
| mexihat | 计算墨西哥草帽小波滤波器系数 |
| meyer | 计算 Meyer 小波与尺度滤波器系数 |
| meyeraux | 计算 Meyer 小波辅助函数 |
| dbwavf | 计算紧支集双正交小波滤波器系数 |
| dbaux | 计算紧支集双正交小波尺度滤波器系数 |
| symwavf | 计算近似对称的紧支集双正交小波滤波器系数 |
| coifwavf | 计算 Coifmant 小波尺度滤波器系数 |
| biowavf | 计算双正交样条小波尺度滤波器系数 |

**3. 用于验证算法的数据文件**

用于验证算法的数据文件如附表 3 所示。

**附表 3　用于验证算法的数据文件**

| 文　件　名 | 说　　　　明 |
| --- | --- |
| sumsin. mat | 三个正弦函数的叠加 |
| freqbrk. mat | 存在频率断点的组合正弦信号 |
| whitnois. mat | 均匀分布的白噪声 |
| warma. mat | 有色 AR(3)噪声 |
| wstep. mat | 阶梯信号 |
| nearbrk. mat | 分段线性信号 |
| scddvbrk. mat | 具有二阶可微跳变的信号 |
| wnoislop. mat | 叠加了白噪声的斜坡信号 |
| … | … |

**4. 主要函数说明**

1) 一维连续小波变换 cwt

格式：coefs＝cwt(s, scales, 'wname')

　　　　coefs＝cwt(s, scales, 'wname', 'plot')

其中：coefs 为返回的小波分解系数；s 为输入的待分析信号；scales 为需要计算的尺度范围；wname 为所用的小波函数；plot 为用图像方式显示小波系数。

说明：使用小波 wname 对信号 s 以尺度范围 scales 进行连续小波变换，将得到的分解系数放在 coefs 中。

2) 一维离散小波变换 dwt

格式：[cA, cD]＝dwt(X, 'wname')

　　　　[cA, cD]＝dwt(X, H, G)

其中：X 为输入信号；wname 为小波基名称；cA 为低频分量；cD 为高频分量；H 为低通滤波器；G 为高通滤波器。

说明：使用小波 wname 对一维信号 X 进行分解，将得到的低频分量放在 cA 中，高频分量放在 cD 中。

使用低通滤波器 H 和高通滤波器 G 对信号 X 进行分解，将得到的低频分量放在 cA 中，高频分量放在 cD 中。

3) 二维离散小波变换 dwt2

格式：[cA, cH, cV, cD]＝dwt2(X, 'wname')

　　　　[cA, cH, cV, cD]＝dwt2(X, H, G)

其中：X 为输入信号；wname 为小波基名称；H 为低通滤波器；G 为高通滤波器；cA 为低频分量；cH 为水平高频分量；cV 为垂直高频分量；cD 为对角高频分量。

说明：使用小波 wname 对二维信号 X 进行分解，分别将得到的低频分量放在 cA 中，水平高频分量放在 cH 中，垂直高频分量放在 cV 中，对角高频分量放在 cD 中。

使用低通滤波器 H 和高通滤波器 G 对二维信号 X 进行分解，分别将得到的低频分量放在 cA 中，水平高频分量放在 cH 中，垂直高频分量放在 cV 中，对角高频分量放在 cD 中。

4）一维信号多尺度小波分解 wavedec

格式：[A，L]＝wavedec(X，N，'wname')

[A，L]＝wavedec(X，N，H，G)

其中：A 为各层分量；L 为各层分量长度；X 为输入信号；wname 为小波基名称；N 为分解层数；H 为低通滤波器；G 为高通滤波器。

说明：使用小波 wname 对信号 X 进行 N 层分解，将得到的各层分量放在 A 中，各层分量长度放在 L 中。

使用低通滤波器 H 和高通滤波器 G 对信号 X 进行 N 层分解，将得到的各层分量放在 A 中，各层分量长度放在 L 中。

5）二维信号多尺度小波分解 wavedec2

格式：[A，L]＝wavedec2(X，N，'wname')

[A，L]＝wavedec2(X，N，H，G)

其中：A 为各层分量；L 为各层分量长度；X 为输入信号；N 为分解层数；wname 为小波基名称；H 为低通滤波器；G 为高通滤波器。

说明：使用小波 wname 对二维信号 X 进行 N 层分解，将得到的各层分量放在 A 中，各层分量长度放在 L 中。

使用低通滤波器 H 和高通滤波器 G 对二维信号 X 进行 N 层分解，将得到的各层分量放在 A 中，各层分量长度放在 L 中。

6）一维离散小波重建 idwt

格式：X＝idwt(cA，cD，'wname')

X＝idwt(cA，cD，H，G)

其中：X 为上一层的近似系数；wname 为小波基名称；H 为低通滤波器；G 为高通滤波器；cA 为低频分量；cD 为高频分量。

说明：使用小波 wname 把近似系数 cA 和细节系数 cD 重构为上一层的近似系数 X。

使用低通滤波器 H 和高通滤波器 G 把近似系数 cA 和细节系数 cD 重构为上一层的近似系数 X。

7）一维多尺度小波重构 waverec

格式：X＝waverec(C，L，'wname')

X＝waverec(C，L，H，G)

其中：X 为重构的原始信号；A 为各层分量；L 为各层分量长度；N 为分解层数；wname 为小波基名称；H 为低通滤波器；G 为高通滤波器。

说明：使用小波 wname 把长度为 L 的各层分量 A 通过多次 idwt 方法重构为原始信号 X。

使用低通滤波器 H 和高通滤波器 G 把长度为 L 的各层分量 A 通过多次 idwt 方法重构为原始信号 X。

8) 提取一维小波变换近似系数 appcoef

格式：A＝appcoef(C，L，'wname'，N)

　　　A＝appcoef(C，L，H，G，N)

其中：C 为各层分量；L 为各层分量长度；N 为分解层数(可省略)；wname 为小波基名称；H 为低通滤波器；G 为高通滤波器。

说明：使用小波 wname 从分解系数[C，L]中提取第 N 层的近似系数。

使用低通滤波器 H 和高通滤波器 G 从分解系数[C，L]中提取第 N 层的近似系数。

9) 提取一维小波变换细节系数 detcoef

格式：D＝detcoef(C，L，N)

　　　D＝detcoef(C，L)

其中：C 为各层分量；L 为各层分量长度；N 为分解层数。

说明：从分解系数[C，L]中提取第 N 层的近似系数。

从分解系数[C，L]中提取最后一层的高频系数。

10) 重建小波系数至某一层 wrcoef

格式：X＝wrcoef('type'，C，L，'wname'，N)

　　　X＝wrcoef('type'，C，L，H，G，N)

说明：使用小波 wname 从分解系数[C，L]中提取第 N 层的系数，N＝1 时提取最后一层的系数，'type'＝'a'为低频系数，'type'＝'d'为高频系数。

使用低通滤波器 H 和高通滤波器 G 从分解系数[C，L]中提取第 N 层的系数，N＝1 时提取最后一层的系数，'type'＝'a'为低频系数，'type'＝'d'为高频系数。

11) 一维小波分析命令 upcoef

格式：Y＝upcoef('O'，X，'wname'，N，L)

　　　Y＝upcoef('O'，X，H，G，N，L)

说明：通过小波系数 X 和指定的小波 wname 重建第 N 层的近似系数或细节系数('O'＝'a'为重建近似系数，'O'＝'b'为重建细节系数)，重建结果中间的个值返回到 Y 中。

通过小波系数 X 和指定的低通滤波器 H 与高通滤波器 G 重建第 N 层的近似系数或细节系数('O'＝'a'为重建近似系数，'O'＝'b'为重建细节系数)，重建结果中间的个值返回到 Y 中。

12) 一维或二维小波包分析命令 wprdec

格式：X＝wprdec(T，N)

　　　X＝wprdec(T)

说明：求小波树 T 上的节点下标为 N 的小波包分解系数；N 省略时，得到的是小波树 T 上根节点的小波包分解系数。

13) 一维小波包分解 wpdec

格式：T＝wpdec(X，N，'wname'，E，P)

　　　T＝wpdec(X，N，'wname')

说明：对输入信号 X 作 N 层一维小波包完全分解，使用的熵原则为 E，熵原则的参数为 P。

使用 Shannon 熵原则对输入信号 X 作 N 层一维小波包完全分解。

14）一维信号的小波消噪 wden

格式：[XD，CXD，LXD]＝wden(X，TPTR，SORH，SCAL，N，'wname')

[XD，CXD，LXD]＝wden(C，L，TPTR，SORH，SCAL，N，'wname')

其中：TPTR 为阈值选择标准，TPTR＝rigrsure 为无偏估计，TPTR＝heursure 为启发式阈值，TPTR＝sqtwolog 为固定式阈值，TPTR＝minimaxi 为极大极小值阈值；SORH 为函数选择阈值使用方式，SORH ＝s 为软阈值，SORH ＝h 为硬阈值。

说明：使用小波 wname 对信号 X 作 N 层小波分解，通过 TPTR(确定阈值选取方法)、SORH(确定阈值化方法)、SCAL(确定阈值化分辨率)对小波系数进行阈值化处理，重建降噪信号 XD，并返回处理后的小波系数[CXD，LXD]。

使用 TPTR(确定阈值选取方法)、SORH(确定阈值化方法)、SCAL(确定阈值化分辨率)对小波系数[C，L]进行阈值化处理，并使用小波 wname 重建降噪信号 XD，将处理后的小波系数返回到[CXD，LXD]。

15）一维或二维信号的小波消噪或压缩 wdencmp

格式：[XC，CXC，LXC，PERF0，PERFL2]＝wdencmp('gbl'，X，'wname'，N，THR，SORH，KEEPAPP)

[XC，CXC，LXC，PERF0，PERFL2]＝wdencmp('lvd'，X，'wname'，N，THR，SORH，KEEPAPP)

[XC，CXC，LXC，PERF0，PERFL2]＝wdencmp('gbl'，C，L，'wname'，N，THR，SORH，KEEPAPP)

说明：使用小波 wname 对输入信号 X 作 N 层小波分解，通过 THR(全局阈值)、SORH(阈值化方法)、KEEPAPP(保留近似系数)对小波系数进行阈值化处理，重建降噪信号 XC，并返回处理后的小波系数[CXC，LXC]以及 PERF0(0 系数成分)和 PERFL2(能量保留成分)。

使用小波 wname 对输入信号 X 作 N 层小波分解，通过 THR(分层阈值)、SORH(阈值化方法)、KEEPAPP(保留近似系数)对小波系数进行阈值化处理，重建降噪信号 XC，并返回处理后的小波系数[CXC，LXC]以及 PERF0(0 系数成分)和 PERFL2(能量保留成分)。

使用 THR(全局阈值)、SORH(阈值化方法)、KEEPAPP(保留近似系数)对小波系数[C，L]进行阈值化处理，重建降噪信号 XC，并返回处理后的小波系数[CXC，LXC]以及 PERF0(0 系数成分)和 PERFL2(能量保留成分)。

16）小波滤波器 wfilters

格式：[L-D，H-D，L-R，H-R]＝wfilters('wname')

其中：L-D 为分解低通滤波器；H-D 为分解高通滤波器；L-R 为重建低通滤波器；H-R 为重建高通滤波器。

说明：使用指定的小波 wname 求得正交小波或双正交小波的四组滤波器。

## 三、使用举例

### 1. 小波包分析函数

小波包工具提供了分解、重建、降噪和压缩的功能。由于小波包分解的多样性，在显示部分还提供了小波树的显示，同时提供了相空间的系数。根据小波包分解方式的不同

(也就是小波树的差异)，相空间的分辨率不像小波分解那样规则地以 2 的幂递减。

小波包工具提供的小波树的功能包括初始小波树(根据分解层数作完全小波包分解得到的小波树)、普通小波树(根据分解层数作小波分解得到的小波树)、最优小波树(根据分解层数和指定的熵规则从完全小波树得到的最优小波树)、最优完全小波树(根据指定的熵规则得到的最优完全小波树)。

小波包分析函数包括 besttree(寻找最优分解树)、bestlevt(寻找最优满树)、wentropy(计算熵值)、wpdec(一维信号的小波包解)、wpdec2(二维信号的小波包解)、wpfun(小波包函数族)、wpjoin(小波包分解树的节点合并)、wprec(一维信号的小波包信号重构)、wprec2(二维信号的小波包信号重构)。

小波包分析的 GUI 界面如附图 10 所示。

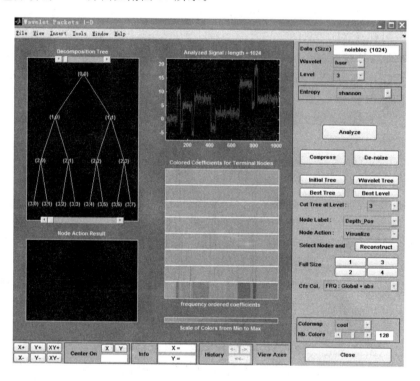

附图 10　小波包分析的 GUI 界面

图形工具右边的按钮用来制订一些参数，包括选择分解的层数(Cut Tree at Level)、节点的显示文本(Node Label，包括二维节点索引(Depth_Pos)、一维节点索引(Index))、最优熵(Opt. Ent)、系数长度(Length)、系数类型(Tpye)、能量成分(Energy)、节点动作模式(Node Action)等。

### 2. 利用一维小波包去噪

小波包工具的降噪工具用法与小波工具的用法类似，其中小波树的选择已经由系统自动完成，依据是根据选定的熵原则确定最优小波树，这里的熵原则一般是阈值熵。如附图 11 所示界面右侧的 Select thresholding method 下拉框提供了 6 种阈值选择方式：固定模式对高斯白噪声、固定模式对有色高斯噪声、扩散系数均衡化、处罚值高、处罚值中等、处罚值低。

　　用户也可以不使用这些方式，直接在左侧的系数窗口上拖动以改变阈值。左侧窗口同时显示了经过排序的系数绝对值和系数绝对值的直方图，用户可以在选择阈值的时候很方便地估计出系数保留成分。附图 11 是经过高斯去噪处理后的用户界面。

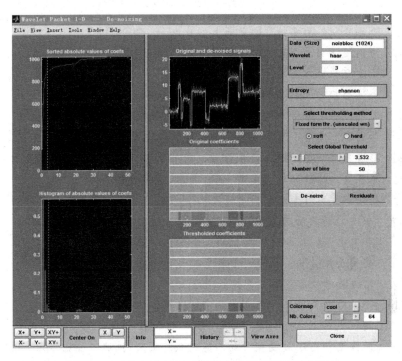

附图 11　小波包分解经过高斯去噪处理后的用户界面

# 参 考 文 献

[1] 韩崇昭. 泛函分析. 西安：西安交通大学出版社，2008.

[2] 许天周. 应用泛函分析. 北京：科学出版社，2002.

[3] 杨福生. 小波变换的工程分析与应用. 北京：科学出版社，1999.

[4] 彭玉华. 小波变换与工程应用. 北京：科学出版社，1999.

[5] 唐远炎，王玲. 小波分析与文本文字识别. 北京：科学出版社，2004.

[6] 徐长发，李国宽. 实用小波方法. 武汉：华中科技大学出版社，2004.

[7] 王大凯，彭进业. 小波分析及其在信号处理中的应用. 北京：电子工业出版社，2006.

[8] 唐向宏，李齐良. 时频分析与小波变换. 北京：科学出版社，2008.

[9] 秦前清，杨宗凯. 实用小波分析. 西安：西安电子科技大学出版社，1994.

[10] 程正兴. 小波分析算法与应用. 西安：西安交通大学出版社，1998.

[11] 刘贵忠，邸双亮. 小波分析及其应用. 西安：西安电子科技大学出版社，1997.

[12] 魏明果. 实用小波分析. 北京：北京理工大学出版社，2005.

[13] 刘明才. 小波分析及其应用. 北京：清华大学出版社，2005.

[14] 杨建国. 小波分析及其工程应用. 北京：机械工业出版社，2005.

[15] 李水根，吴纪桃. 分形与小波. 北京：科学出版社，2002.

[16] 钱世锷. 时频变换与小波变换导论. 英文版. 北京：机械工业出版社，2005.

[17] MALLAT S. 信号处理的小波导引. 杨力华，等译. 北京：机械工业出版社，2002.

[18] DAUBECHIES I. 小波十讲. 李建平，杨万年，译. 北京：国防工业出版社，2004.

[19] PINSKY M A. Introduction to Fourier Analysis and Wavelets. 北京：机械工业出版社，2004.

[20] BOGGESS A，NARCOWICH F J. A First Course in Wavelets with Fourier Analysis. 北京：电子工业出版社，2004.

[21] ALI N A，RICHARD A H. Multisolution Signal Decomposition. 2nd ed. New York：Acadmic PRESS，2001.

[22] MERTINS A. Signal Analysis，Wavelets，Filter Banks，Time-Frequency Transform and Appications. New Jersey：John Wiley & Sons Inc.，1999.

[23] 王宏禹. 非平稳随机信号分析与处理. 北京：国防工业出版社，1999.

[24] 张贤达，保铮. 非平稳信号分析与处理. 北京：国防工业出版社，1998.

[25] 董长虹. Matlab 小波分析工具箱原理与应用. 北京：国防工业出版社，2004.

[26] 胡昌华，李国华，刘涛，等. 基于 MATLAB 6.x 的系统分析与设计：小波分析. 2版. 西安：西安电子科技大学出版社，2004.

[27] 周伟. MATLAB 小波分析高级技术. 西安：西安电子科技大学出版社，2006.

[28] 高志，余啸海. Matlab 小波分析工具箱原理与应用. 北京：国防工业出版社，2004.

[29] 武明勤. 基于 MP 分解的语音信号增强方法的研究. 无锡：江南大学，2006.

[30] 宋蓝天. 基于时频特征的 ECG 信号识别研究. 无锡：江南大学，2011.